打造国际一流营商环境

——广州市工程建设项目审批制度改革的探索与实践

广州市住房和城乡建设局　组织编写

中国建筑工业出版社

图书在版编目（CIP）数据

打造国际一流营商环境：广州市工程建设项目审批
制度改革的探索与实践 / 广州市住房和城乡建设局组织
编写 . —北京：中国建筑工业出版社，2022.11
ISBN 978-7-112-28036-0

Ⅰ．①打⋯　Ⅱ．①广⋯　Ⅲ．①建筑工程—项目管理—
审批制度—广州　Ⅳ．①TU71

中国版本图书馆 CIP 数据核字（2022）第 181447 号

责任编辑：毕凤鸣
责任校对：芦欣甜

打造国际一流营商环境

——广州市工程建设项目审批制度改革的探索与实践

广州市住房和城乡建设局　组织编写

*

中国建筑工业出版社出版、发行（北京海淀三里河路 9 号）

各地新华书店、建筑书店经销

华之逸品书装设计制版

广州市一丰印刷有限公司印刷

*

开本：787 毫米×1092 毫米　1/16　印张：12¾　字数：166 千字
2022 年 12 月第一版　　2022 年 12 月第一次印刷
定价：**46.00** 元
ISBN 978-7-112-28036-0
（40153）

本书编委会

主编单位：广州市住房和城乡建设局

主　　任：王宏伟

副 主 任：王保森　齐怀恩

主　　编：杨洁华　周泽志

参　　编：谭敦海　王　斌　曾冬怡　陈玲辉　唐仪兴

　　　　　吴成勇　曾德勇　马　越　李良龙　郑文栋

　　　　　杨凯烽　李金东　彭志伟　陈敏玲　林玲霜

　　　　　孙枫娟　胡先颉　王鸣威　孙雅婷

序言

  构建法治化、国际化、便利化、现代化的营商环境是一个城市重要的生产力和竞争力来源，也是推动广州实现老城市新活力、"四个出新出彩"的重要举措。近年来，广州市始终牢记习近平总书记对广州提出的"率先加大营商环境改革力度""在现代化国际化营商环境方面出新出彩"的殷殷期望和使命要求，坚持把打造一流营商环境作为自觉要求和主动行动，特别是广州市被列为国家工程建设项目审批制度改革试点城市以来，在工程建设项目审批方面开展了一系列系统性、深刻性与前瞻性的积极探索和大胆实践，改革版本不断升级，从治理理念到治理方式进行了一场广泛而深刻的变革，审批流程深度优化、审批范围大幅缩小、审批事项大幅减少、审批环节大幅压缩、管理方式转变明显，曾经的"万里长征图"正在被"放管服"改革方向和信息技术革命趋势深度契合的营商环境优化新模式、新成果替代或不断更新。区域评估+告知承诺制、经营性出让用地清单制、水电气外线工程建设项目并联审批等3条"广州经验"入选住房和城乡建设部向全国推广的工程建设项目审批改革经验清单；全国首创分阶段办理施工许可——"拿地即开工"等创新做法，被全国20多个城市调研交流借鉴推广；广州结合实际探索积累的一站式开工审批、一站式融合监管、一站式联合验收等多项工程建设项目审批改革实践经验，被《广州市优化营商环境条例》以地方立法的形式固化下来。

  在工程审批制度改革走向深水区时，广州始终坚持市场评价是第一评价、企业感受是第一感受、群众满意是第一标准，聚焦市场主体关注点，不断优化营商环境。及时从并联审批、融合监管、信息共享、用地清单、全流程审批等多层次服务中总结经验，在法治框架下研究优化改革方案，提出深化完善用地清单制、推进工程项目全流程线上审批等关键举措，进一步减轻企业负担、增强服务意识，推动服务型政府转型。

同时，广州市相关政府部门制作了政策问答、宣传视频、宣传手册、政策图解等，在网站专栏、政务服务窗口、政务公众号、微信平台等多渠道进行全面宣传。积极开展调研，主动走访对接行业协会，联合协会的力量，组织注册建筑师、建造师、勘察设计工程师、造价工程师、会计师等相关从业人员参加改革政策培训，夯实宣传培训成效。新冠肺炎疫情期间，广州市政府部门快速转变思路，大力开展线上视频培训、直播平台宣讲、网上政策知识宣传和测评，多管齐下，进一步扩大政策的受众面并提高知晓率。

随着近年来国家大力推进行政审批制度改革和优化营商环境工作，有些改革成效已初现，但面临的问题、障碍和困难依然存在，工程建设项目审批制度改革依旧任重而道远。接下来，广州市将结合全市优化营商环境工作部署，全面检验现行政策落地成效，找准存在的问题和短板，坚持精准发力，以绣花功夫持续优化营商环境，继续树牢"人人都是营商环境，处处优化营商环境"的服务理念，深入贯彻落实《广州市优化营商环境条例》，下足绣花功夫，精雕细琢，狠抓工程建设项目审批制度改革落地见效，推动广州市场化、国际化、法治化营商环境建设在更高层次、更大范围上取得新突破。

王宏伟

前言

近年来，广州不断探索工程建设项目审批制度改革，把改善营商环境作为提升广州城市竞争力的一项重要举措，常抓不懈。从"万里长征路"到"取地可实施"，广州市作为改革开放的先行地，始终以敢于创新、敢于改革、敢于担当的工作作风，不断推进改革和探索。

自国务院确定广州市作为全国工程建设项目审批制度改革试点城市以来，广州市根据《国务院办公厅关于开展工程建设项目审批制度改革试点的通知》(国办发〔2018〕33号)、《国务院办公厅关于全面开展工程建设项目审批制度改革的实施意见》(国办发〔2019〕11号)，以"优流程、减环节、提效率、控质量"为改革初衷，坚持以降低制度性成本为出发点，以需求优先、服务企业为着力点，先后出台了《广州市工程建设项目审批制度改革试点实施方案》(穗府〔2018〕12号)、《广州市进一步深化工程建设项目审批制度改革实施方案》(穗府函〔2019〕194号)等政策，采取"减并放转调"的改革措施，着力打造"五个一"审批体系，统一审批流程、统一信息数据平台、统一审批管理体系、统一监管方式，实现工程建设项目审批"四统一"。2020年以来，广州市对标世界银行营商环境办理建筑许可评价方法，出台了《进一步优化社会投资简易低风险工程建设项目审批服务和质量安全监管模式工作方案(2.0版)》(穗建改〔2020〕28号)文件，以社会投资简易低风险工程为策动，触发工程建设项目全领域、全流程、全覆盖改革的进一步优化。

广州市住房和城乡建设局全面贯彻落实广州市委、市政府关于"四个出新出彩"、优化营商环境相关工作部署，结合国际化营商环境评价标准，以满足企业需求为出发点，坚持问题导向，牵头持续深化工程建设项目审批制度改革。通过对工程建设项目全流程的改革优化，广州市将政府投资项目全流程审批时间控制在85个工作日内，社会投资项目全流程审批时间控制在35个工作日内（其中，一般项目35个工作日内，不带方案出让工业项目27个工作日内，带方案出让工业项目21个工作日内，中小型建设项目23个工作日内，简易低风险项目11个工作日内），工程建设项目审批制度改革成效显著。

在2019年和2020年国家发展改革委组织的中国营商环境评价中，广州市"办理建筑许可"专项指标连续两年位列全国第三。2021年度国家工程审批制度改革评估中，广州位列36个样本城市第一名。广州市"区域评估＋承诺制""用地清单制""水电气外线工程并联审批"等3项改革做法入选住房和城乡建设部第一批向全国推广的改革经验，成为全国试点城市中入选改革经验最多的城市。用地清单制改革做法作为"一省一案例"入选国家发展改革委编著的《中国营商环境报告2020》。2021年广东省营商环境评价中，广州市"办理建筑许可"指标综合排名第一。"施工许可分阶段""融合监管""工程质量潜在缺陷保险""四证联办"4项创新经验入选《中国营商环境报告2021》。

本书在编写过程中，得到了市发展改革委、市规划和自然资源局、市政务服务和数据管理局、市交通运输局、市生态环境局、市林业园林局等兄弟单位以及广州市社科院、广东工业大学、广东省粤祥建设职业培训学校等单位的大力支持，对此，编委会一并表示感谢。

目录

第三部分 城市借鉴篇

第一部分

整体介绍篇

第1章 工程建设项目审批制度改革的背景和历程

党的十八大尤其是十九大以来，以习近平新时代中国特色社会主义思想为指导，深入贯彻落实党中央决策部署，按照依法依规、改革创新、协同共治的基本原则，以简政放权加强"放、管、服"综合改革和优化营商环境创新为抓手，我国在工程领域的审批制度改革取得了巨大的成效。

1.1 工程建设项目审批制度改革背景

2018年1月，李克强总理主持新年第一次国务院常务会议，部署进一步优化营商环境工作，指出优化营商环境就是解放生产力、提高综合竞争力。2018年3月，《政府工作报告》明确"工程建设项目审批时间再压缩一半"。2018年5月，国务院办公厅印发《关于开展工程建设项目审批制度改革试点的通知》(国办发〔2018〕33号)，广州市成为15个试点城市之一。自此，在国家、省的指导下，广州市在之前已实施多轮工程建设项目审批制度改革的基础上，进一步推进改革和探索，掀起工程建设项目审批制度改革的浪潮。

1.2 工程建设项目审批制度改革历程

2013年，时任广州市政协委员制作了一张长达4.4米的工程审批流程图亮相广州两会："目前，在广州投资一个项目，整个审批流程要经过20个委、办、局，53个处、室、中心、站，100个审批环节，盖108个章，缴纳36项行政收费，累计审批工作日2020天。即便按照最佳、最短的路线走，也仍需799天。"政协委员的呼吁是社会的反映，广州工程建设项目审批时间长、审批环节多、收费种类多的状况，饱受社会诟病，已跟不上经济和社会的发展需要，在客观上倒逼改革。为改变这种建设项目"万里长征图"式的现状，广州市在工程建设项目上进行了大幅度的审批改革。2013年6月24日、25日、27日，中央电视台《新闻联播》栏目连续三期报道了《一张图引发的改革》。

1.2.1 集装箱式集中并联审批（1.0版）

"万里长征图"推出后，广州市要求图卷中涉及的53个部门把它挂在墙上，以各相关部门的节点审批提醒自己的工作。2013年，由广州市法制办联合各个部门在图卷的基础上进行简化，采取"集装箱"并联审批改革举措，将建设工程项目审批流程整合为立项、用地、规划、施工、验收5个阶段，每个审批阶段设定一个牵头部门，即"集装箱"。由牵头部门负责统一受理企业申请材料，然后抄告同一阶段各专业审批部门实行同步审批，或由牵头部门征求各专业部门意见。在这种集装箱审批机制下，广州市设立了"五个集装箱"，分别为：发展改革委牵头立项阶段的审批；国土房管局牵头用地审批阶段的审批；规划局牵头规划报建阶段的审批；住建委牵头施工许可和竣工验收阶段的审批。

1.2.2 出台联合审批办事指引（2.0版）

2014年，广州市政务办牵头编制出台《广州市建设工程项目联合审批办事指引》，该指引涵盖建设工程项目审批流程共153项事项，根据项目的类型和规模，从立项到施工约需要150至200个工作日。联合审批改革后，广州市建设工程项目整个审批过程约为200至230个工作日，较此前"万里长征图"中计算的799个工作日，节约70%左右的时间。153项事项中，包含61项行政审批备案事项、66项公共服务事项、10项技术审查事项、16项由企业提供的服务类事项。所有事项均以"前期工作""立项环节""用地审批环节""规划报建环节""施工许可环节""商品房预售环节""竣工验收环节"以及"后续审批环节"8大组团图表呈现，更加便于企业和项目建设单位操作。

1.2.3 出台工程审批改革实施意见（3.0版）

2017年4月，广州市发展改革委牵头制定出台《广州市人民政府关于建设工程项目审批制度改革的实施意见》（穗府〔2017〕9号），标志着广州市建设项目行政审批制度改革迈向了3.0版。《实施意见》要求，企业投资类建设工程项目从立项到竣工的审批理论时长缩短到115个工作日。

1.2.4 工程建设项目审批制度改革试点（4.0版）

2018年，广州市以全国工程建设项目审批制度改革试点城市为契机，根据《国务院办公厅关于开展工程建设项目审批制度改革试点的通知》（国办发〔2018〕33号）的要求，坚持以降低制度性成本为出发点，以需求优先、服务企业为着力点，出台了《广州市工程建设项目审批制度改革试点实施方案》（穗府〔2018〕12号）。该实施方案采取"减、并、放、转、调"

的改革措施，着力打造"五个一"审批体系。广州市对工程建设项目从立项到竣工验收全过程进行流程再造，将政府投资项目全程审批时间控制在90个工作日以内，社会投资项目全流程审批时间控制在50个工作日内。2018年底，全市各有关部门按时完成了各项试点改革任务，顺利通过住房和城乡建设部考核和第三方评估，得到了住房和城乡建设部的充分肯定。

2019年8月，根据《国务院办公厅关于全面开展工程建设项目审批制度改革的实施意见》(国办发〔2019〕11号)、《广东省人民政府关于印发广东省全面开展工程建设项目审批制度改革实施方案的通知》(粤府〔2019〕49号)等文件精神，广州市在原改革试点的基础上，针对工程建设项目的审批难点、堵点、痛点等问题，编制了《广州市进一步深化工程建设项目审批制度改革实施方案》(穗府函〔2019〕194号)，以下简称《深化实施方案》。《深化实施方案》经住房和城乡建设部备案审核后印发广州各区，进一步将政府投资项目全流程审批时间控制在85个工作日以内，社会投资项目全流程审批时间控制在35个工作日以内。

2020年，广州市持续巩固工程建设项目审批制度改革成效，主动对标世界银行营商环境评价标准，开展优化营商环境"办理建筑许可"专项工作。广州市出台"2+34"改革政策文件(即2个主文件和34个配套文件)，将社会投资简易低风险工程全流程优化为6个环节、时限18天，实行"一站式"网上办理，并按风险等级开展质量安全监督检查。以优化营商环境为契机，广州市持续进行工程全领域的深化改革，推动项目的持续优化。积极推进基础扎实、内涵深化、发展持续的国际一流营商环境，让企业收获更多获得感、归属感，形成"一站式开工审批、过程联合监管、一站式联合验收"的工程管理模式，并写进《广州市优化营商环境条例》中。

"区域评估+承诺制""用地清单制""水电气外线工程并联审批"3项改革做法被住房和城乡建设部向全国推广,"分阶段施工许可""工程质量、消防、人防融合监管""工程质量缺陷保险"等创新经验由国家发展改革委向全国推广。2021年度全国工程建设项目审批制度改革工作评估中,广州市在全国36个参评样本城市中排名第1位。

第2章 推进工程建设项目审批制度改革情况

　　广州市作为工程建设项目审批制度改革试点城市以来，在市委、市政府的坚强领导下，各级各部门打破部门藩篱，凝心聚力、攻坚克难，紧抓国家工程建设项目审批制度改革试点城市、营商环境创新"双试点"城市契机，围绕破解"审批万里长征图"问题，以"优流程、减环节、提效率、控质量"为目标，构建"五个一"（一张蓝图、一个系统、一个窗口、一张表单、一套机制）审批体系，综合运用"减放并转调"各类改革措施，将我市政府投资项目全流程审批时间控制在85个工作日以内；社会投资项目全流程审批控制在35个工作日内，逐步实现从"万里长征路"到"取地可实施"的飞跃。2020年起，对标世界银行营商环境评估标准，聚焦社会投资简易低风险工程改革，将该类项目从取得用地到不动产登记全流程压缩为6个环节、18天（行政审批11天、质量监督2天、不动产登记1天，供排水外线接入5天），实现一站式网上办理。

　　我市先行探索的"分阶段施工许可""工程质量、消防、人防融合监管""工程质量缺陷保险"等创新经验，由国家发展改革委向全国推广。住房和城乡建设部工程建设项目审批制度改革工作领导小组办公室通报2021年度全国工程建设项目审批制度改革工作评估情况时，广州市在全国36个参评样本城市中排名第1位，改革工作成效继续保持全国前列。

2.1　广州工程建设项目审批制度改革体系

2.1.1　减放并调转，精简审批环节

广州市严格遵照《国务院办公厅关于开展工程建设项目审批制度改革试点的通知》(国办发〔2018〕33号)的要求，重点围绕"减、放、并、调、转"五个关键词。减是取消，政府投资类项目取消修详规审批、施工图审查备案、施工图预算财政评审等7项；社会投资类项目取消大中型建设项目初步设计审查、一般房建防雷装置设计审查等7项。放是下放，市级下放建筑工程施工许可证核发、建设项目环境影响评价文件审批、建设项目防治污染设施验收等项目。并是合并办理，政府投资类项目合并办理规划选址和用地预审、联合审图、联合测绘、联合验收等项目；社会投资类项目合并办理质量安全监督登记和施工许可证。建设用地规划许可证和建设用地批准书合并为新建设用地规划许可证。调是调整审批时序，将不涉及质量、安全的审批时序调整到后续阶段办理，部分审批事项不作为工程建设项目各阶段的前置条件。政府投资类项目调整地震安全性评价在工程设计前完成等事项时序；社会投资类项目调整环境影响评价、企业投资项目核准(备案)等事项时序。转是转变工作方式，由企业向政府申办，转变为政府内部协作、征求事项；政府投资类项目推行区域评估；社会投资类项目(中小型项目和带方案出让用地的产业区块范围内工业项目)在建设工程规划许可证核发时一并进行建筑工程设计方案审查，并实行统一征询。推行"带方案出让"制度、分类办理规划审批。

2.1.2　打造"五个一"审批体系，打造审批协同高效阵地

党的十八大尤其是十九大以来，以习近平新时代中国特色社会主义

思想为指导，深入贯彻落实党中央决策部署，按照依法依规、改革创新、协同共治的基本原则，我国在工程领域的审批制度改革领域发生了较大的变化。

主要的改革变化是：

（1）简化事前审批，加强事中事后监管；

（2）简化企业资质，消除市场壁垒；

（3）大力加强诚信建设，完善信用体系；

（4）加强各级建设主体责任，强化责任追究；

（5）强化信息化建设，打造审批平台；

（6）加强首接负责和首问负责；

（7）实施市场准入负面清单制度。

"五个一"改革体系是广州市工程建设项目审批制度改革的重要成果之一。所谓"五个一"审批体系，指的是推行"一套机制"保障该体系的运行，实施"一个系统"对接各方主体，坚持"一张蓝图"统筹项目实施到底，实施"一个窗口"受理审批材料，推行"一张表单"提交审批申请。

2.1.2.1 "一套机制"规范审批运行

"一套机制"包括政治机制、制度机制和技术机制。广州市工程建设项目审批制度改革坚持以习近平新时代中国特色社会主义思想作为指导思想，坚持党建引领作为政治保障。

1.加强组织领导

广州市住房和城乡建设局、规划和自然资源局、政务服务数据管理局共同牵头全市工程建设项目审批制度改革的组织协调和督促指导工作，建立上下联动的沟通反馈机制。交通、水务、林业园林、生态环境、城管、公安、工信部门按照职责加强协作、主动作为，共同推进落实各项改革任务。各区人民政府承担本地区改革的主体责任，制定本地区实施方案，细化分解任务、明确部门责任、落实工作措施，抽调与改革任务相适应的专门人员组成工作专班，确保按时保质完成任务，进一步提高审批效能。

2.建立和配套"一套技术机制"

根据国家、广东省工程审批改革的具体要求，广州市对《广州市政府投资管理条例》等30多个改革涉及的相关地方性法规和规范性文件开展"立、改、废"工作，并提交市政府常务会议审议。同时，根据住房和城乡建设部的要求，分别于2018年9月和11月两次向住房和城乡建设部提交涉及突破相关法律法规及政策规定的修改意见；对于涉及突破省一级管理权限的法律法规及政策规定的，由广东省修改或授权。

工程建设项目审批制度改革机制，涉及工程建设的方方面面，需要各职能部门和主管部门联动、配套改革。截至2021年6月，广州市已相继出台包括"牵头部门负责制""审批协调机制""协调平台运行规则""督查制度""信息系统运行规则""施工许可办理指引""联合审图"以及"联合验收"等改革配套文件，这套文件组成并健全了工程建设项目审批的配套制度。

目前，广州市已形成审批工程建设项目的一套机制，广州市工程建设项目审批制度改革试点工作领导小组根据实施效果和社会反馈，不断推进这套机制的完善和提升，对前期出台的配套文件进行逐步的修订，形成配套文件的2.0版乃至更好的相关配套文件。

3."一套机制"规范审批运行

这套审批机制规范广州市工程建设领域审批的规范运行。市级各部门职责明确，工作规程清晰有序，审批行为规范高效，审批改革措施落实有力。

各区工程建设项目审批制度改革领导小组已建立审批协调机制和跟踪督办制度，协调解决部门间意见分歧。确保了审批各阶段、各环节无缝衔接，并对审批迟滞行为加强了跟踪督办。部分措施已根据社会的反馈，上升到法规和制度约束、保证层面。广州市住房和城乡建设局已加快开展相关法规规章、规范性文件的清理，修改或废止与工程建设项目审批制度改革要求不相符的相关制度。

2.1.2.2 "一个系统"实施统一管理

1. "一个系统"的内涵及目标

所谓实施"一个系统"，就是建立了一个统一的审批系统（平台）。开展房屋建筑和市政基础设施工程建设项目（不包括特殊工程和交通、水利、能源等领域的重大工程）审批制度全流程、全覆盖改革，包括项目立项至竣工验收和公共设施接入服务全过程，覆盖行政许可等审批事项和技术审查、中介服务、市政公用服务以及备案等其他类型事项，实现统一审批流程，统一信息数据平台，统一审批管理体系，统一监管方式。

建立统一的系统（平台）是压缩审批时限、实现信息共享、提高审批效率的重要举措。建立统一信息数据平台是实现工程建设项目审批网上申请、网上审批、网上监管和信息共享的有效途径，根据国务院办公厅（国办发〔2019〕11号）文的要求，要结合"数字政府"改革建设，依托政务大数据资源，按照"横向到边、纵向到底"的原则，建设覆盖全省各有关部门、市、县（区）的省级和市级工程建设项目审批管理系统。

2. "一个系统"建设的内容

广州市在2018年建成全市统一的工程建设项目联合审批平台，该平台横向连接各相关审批部门，纵向实现了与国家、省、市、区四级系统的对接。该平台（系统）将审批流程各阶段涉及的99项工程建设类行政审批、技术审查和7个公用服务事项全部纳入，并和水、电、气、通信等市政公共服务企业、中介超市平台联通，对审批环节进行全过程跟踪督办及审批节点的控制，实现系统以外无审批行为。同时，系统发挥"统一受理、并联审批、实时流转、跟踪督办、信息共享"等一体化功能，通过一套标准与"多规合一""联合审图""联合验收"等系统互联互通，实现了"横向到边""纵向到底"为工程审批提供"全流程""全覆盖"的系统支撑。

3."一个系统"建设的成效

（1）实现了信息共享

在建成广州市工程建设项目联合审批平台的同时，推进了各区级审批管理系统与一体化在线政务服务平台、投资项目在线审批监管平台等相关系统平台的互联互通。

通过市级系统加强对全市工程建设项目审批的指导和监督。市级系统实现了"多规合一"业务协同、在线并联审批、统计分析、监督管理等功能，在"一张蓝图"基础上开展审批，实现统一受理、并联审批、实时流转，对审批事项、审批环节、审批节点进行全过程跟踪督办，杜绝体外循环。通过广州市工程建设项目联合审批平台，完善了投资项目在线审批监管平台的项目统一代码管理，实现统一代码贯穿工程建设项目审批全过程。

（2）提高了审批效率

持续推进工程建设联合审批平台应用，截至目前，系统已支撑覆盖全市共13类项目审批流程，实现11个相关市直审批部门及水电气等市政公用服务单位共121个审批事项、11个区和市空港经济区共1036个审批事项可通过平台联合审批。在平台上运行的项目34365个，开展审批业务116245笔。

2.1.2.3 "一张蓝图"统筹项目实施

1."一张蓝图"统筹项目实施的必要性

"一张蓝图"统筹项目实施是提升审批效率的基础，也是社会各界的期盼。长期以来，工程建设领域各种随意变更和规划更改备受社会诟病，也是造成投资浪费、审批冗长的重要原因和表现。广州市以现行城乡规划和土地利用总体规划为基础，通过开展图斑比对分析，消除差异，叠加整合各部门专项规划数据，协调部门规划矛盾，构建"多规合一"的"一张蓝图"和业务协同平台，在同一空间坐标上实现各类规划相互衔接和规划信息共享。广州市完善了规划实施机制，加强"多规合一"业务协同，加速了项目前期策划生成，统筹提出了项目建设条件以及需要开展的评估评价事项等要求，为建设单位、相关部门加强项目管理提供依据。

2."一张蓝图"统筹建设的内容

2016年1月，广州市人民政府办公厅印发《广州市"多规合一"工作方案》，以"规划引领、平台整合、市区联动、部门系统"为总体思路，在"三规合一"的基础上，以信息平台作为依托，通过标准统一、布局系统，实现"多规合一"的"三个一"（一张图、一个信息平台、一个协调机制）。

2018年10月15日，广州市基于"一张蓝图"的审批系统建成并投入使用，成立联合审批平台，整合协调生态、林业、卫生、体育等20个部门的专项规划、121个图层数据，统一空间规划坐标。以城市总体规划和土地利用总体规划为基础，优先划定永久基本农田、生态保护红线和城镇开发边界三条管控底线，协调部门规划矛盾，消除图斑差异，整合涵盖21个部门567个图层的专项规划数据，形成了一张蓝图建设项目的局面。

广州市规划和自然资源局积极落实党中央、国务院关于深化"放管服"改革和优化营商环境要求，搭建基于"多规合一"的业务协同平台，实现"多规合一"平台和联合审批平台深度融合，完整打造"一张蓝图、一个系统"的审批体系。通过"多规合一"管理平台，市、区各职能部门共享现状信息、规划信息和项目信息，汇聚21个部门800多个图层的专项规划数据，依托"多规合一"管理平台建立区域评估、用地清单等功能模块，推进广州超大城市精细化管理。

3.健全基于"多规合一"平台的业务协同机制

2018年10月，市政务办、发展改革委、国规委联合印发《广州市工程建设项目联合审批办法》《广州市工程建设项目项目决策生成办法》《广州市"多规合一"管理办法》，建立健全基于"多规合一"平台工程建设项目业务协同机制。年度预计划功能模块，对下一年度政府投资预计划项目（前期策划项目）进行合规性审查和协同会审，从立项源头确保项目与规划符合。联审决策模块对政府投资工程建设项目进行合规性审查和对建设方案征求意见，协同会审后形成的联审决策结论意见，可作为后续发改、国土规划等审批时的依据，不再组织类似的技术评审工作，服务"多审合一、多证合一"和提高审批效率等审批制度改革。

2.1.2.4 "一个窗口"提供综合服务

1."一个窗口"受理与一站式服务

广州市通过深化简政放权、放管结合、优化服务，推进行政体制改革、转职能、提效能。牢固树立"务实、为民、依法、高效"的服务理念，构建"一个中心对外、一个窗口受理、一条龙服务、一站式办结"的工程建设审批服务便民平台，不断擦亮便民服务品牌，为企业和群众办实事、解难题。

"一个窗口"提供综合服务。通过制定"一窗受理"工作规程，建立完善"前台综合受理、后台分类审批、综合窗口出件"机制。各区、县、开发区管委会在政务服务大厅整合设立工程建设项目审批综合服务窗口，实行"一窗通办"，并与工程建设项目审批管理系统线上线下融合。供水、供电、燃气、排水、通信等市政公用服务全部进驻政务服务大厅，提供"一站式"服务，并实行服务承诺制。

2.广州市工程建设"一个窗口"受理的改革措施

2015年起，广州市以问题为导向，先行先试，在区级试点的基础上，市、区、镇（街）、村（居）率先全面推行政务服务"一窗式"集成服务改革。市政务服务大厅整合各部门和各市政公用单位分散设立的服务窗口，设立"工程审批综合服务窗口"，将市发展改革委、规划和自然资源局、住房和城乡建设局等11个部门的审批事项纳入"一窗受理"，由政务中心窗口人员按照受理清单在前台统一受理，审批部门通过系统在后台开展审批、限时办结，再由政务中心出件窗口统一出件，实现"前台综合受理、后台分类审批、统一窗口出件"的全新政务服务模式。

工程建设审批环节所有事项纳入标准化动态管理，外部办事指南和内部受理标准实现同源，最大可能消除自由裁量。综合受理窗口受理的业务均需出具书面文书，书面文书统一格式；受理后统一计时，全业务、全流程监管。通过实现"一窗受理"，打破部门壁垒，形成"一窗式"集成服务模式，创立一整套新的工程审批运行机制。

广州作为工程建设审批改革的试点地区，在工程建设项目审批制度改革方面进行探索，取得了积极成效，为全省改革工作提供了有益经验。针对当前工程建设项目审批还存在手续多、办事难、耗时长等问题，广州市将继续加快推进工程建设项目审批的全流程、全覆盖改革，切实压缩审批时限，提高审批效率，构建科学、便捷、高效的审批和管理体系，为企业和群众提供更加优质便利的服务，助推全市营商环境的优化，助力粤港澳大湾区建设。

2.1.2.5 "一张表单"整合申报材料

1."一张表单"的运作模式

工程建设审批改革通过"一张表单"整合申报材料，各审批阶段均实行"一份办事指南，一张申请表单，一套申报材料，完成多项审批"的运作模式。牵头单位为市住房城乡建设局、规划和自然资源局、政务服务数据管理局。牵头部门制定统一的办事指南和申报表格，每个审批阶段原则上只需提交一套申报材料。各区、县、开发区管委会建立完善审批清单服务机制，主动提供需要审批的事项清单。通过不同审批阶段共享申报材料，不再要求申请人重复提交，前序审批结果文书无需申请人提交。完善政务服务事项"十统一"标准化工作，支撑"一张表单"、并联审批等改革要求，推动工程建设项目审批事项无差别办理。

2."一张表单"的实施效果

广州市优化完善工程建设项目审批流程，依托在线平台开发对工程建设项目"一个窗口""一张表单"支撑功能，开发工程建设项目"一张表单"申报专栏，实现项目备案、规划许可、移伐树许可、施工许可线上线下并联申报和并联审批功能。将水电气热等市政报装事项纳入在线平台，市政公用事业服务企业将施工方案等材料通过在线审批监管平台推送至规划和自然资源、住房和城乡建设、园林、交通运输部门，实现同步推送、同步施工。

2018年10月29日，广州市发布全部99项工程建设类行政审批、技术审查和7个公用服务事项的办事指南，制定统一的办事指南，实行一张申请表单和一份申报材料目录。同时，广州市还在审批系统首页及各阶段的办事指南中，提醒申请人对前阶段已提交的材料，下一阶段无需重复提交。

"减、并、放、转、调"是宏观改革思路，"五个一"体系改革是微观改革措施，宏观改革思路与微观改革措施互相补充与促进，极大地提升了广州市工程建设审批改革的效率，也显著地改善了广州市工程建设领域的营商环境。

2.2 广州工程建设项目审批制度改革举措

近年来，广州市先后实施了多轮工程建设项目审批制度改革，不断推进改革的广度和深度，举全市之力积极推动工程建设项目审批制度改革工作。从探索试行到深化推广，形成了一整套具有广州特色的工程审批改革创新举措，工程建设项目审批流程持续优化。

2.2.1 推行用地清单，降低企业投资风险

着力变"企业跑"为"政府跑"，把过去由企业拿地后办理的规划用地事项，调整为土地出让前由政府统一办理。由土地储备机构组织相关部门，开展压覆矿产资源、地质灾害评估、水土保持等6个评估工作和文物、危化品危险源、管线保护等7个方面的现状普查，各行业主管部门、公共服务企业结合评估评价结果以及报建或者验收环节需遵循的管理标准，形成"清单式样"管理要求，一次性提供给建设单位。在项目后续报建或验收环节，不得擅自增加清单外的要求。

聚焦调整审批时序，着力变"企业跑"为"政府跑"。"用地清单制"把过去由企业拿地后办理的规划用地事项，调整为土地出让前由政府统一办理。首先，宗地各类评估评价工作调整至土地出让前完成。其次，各行业主管部门、公共服务企业结合评估评价结果以及报建或者验收环节需遵循的管理标准，形成"清单式样"管理要求，一次性提供给建设单位。在项目后续报建或验收环节，不得擅自增加清单外的要求。

2.2.2 实现系统对接，优化审批流程

广州市建成全市统一的"广州市工程建设项目联合审批平台"，实现

了国家、省、市三级系统的对接，并不断提升审批平台支撑能力，推进平台应用。

一是持续优化平台跟踪查看、统计分析等功能。目前可通过项目编码，查询项目全流程的业务办理情况，实现从规划开始到竣工验收全流程跟踪、回溯。

二是强化技术审查事项监管，将固定资产投资项目节能审查、设计方案技术审查、初步设计评审、施工图设计文件联合审查等14项技术审查事项数据同步共享至国家平台。

三是优化审批阶段。根据（国办发〔2018〕33号）文要求，广州市的工程审批流程不超过4个审批阶段。其中政府投资项目为4个审批阶段；社会投资一般项目和不带方案出让用地的产业区块范围内工业项目为4个审批阶段，中小型项目及带方案出让用地的产业区块范围内工业项目为3个审批阶段。共发布政府投资和社会投资的房屋建筑、市政基础设施、水务、交通、林业和园林5类工程的审批流程图共12张，每张流程图均明确每个阶段、每个事项的牵头部门、审批时限。

四是分类细化流程。广州市针对政府投资和社会投资项目分别制定了改革实施方案，采取"减并放转调"的改革措施，着力打造"五个一"审批体系，统一审批流程、统一信息数据平台、统一审批管理体系、统一监管方式，实现工程建设项目审批"四统一"。

2.2.3 全国首创分阶段施工许可，实现拿地可实施

根据企业拿地后迫切开工先行建设基坑的需求，打破整体办理施工证的传统思维，按施工时序把工程分为基坑支护和土方开挖，地下室和 ±0.000 以上三个阶段。将自主选择权交给企业，灵活决定分三阶段、两阶段或一阶段申请办理施工许可证，保障工程项目无需等待，取地后即可动工建

设，同步办理所需的规划手续。真正实现企业取地用地即可动工，极大释放广州市房屋建筑工程建设动力，加快企业投入使用与生产经营进度，为企业赢得发展主动。

具体阶段划分方式为：一是分三阶段：按"基坑支护和土方开挖""地下室""±0.000以上"三个阶段分别申请办理施工许可证；二是分两阶段：将三阶段的前两个阶段——"基坑支护和土方开挖"和"地下室"合并为"±0.000以下"，即按"±0.000以下""±0.000以上"两个阶段分别申请办理施工许可证；三是分一阶段：直接申办工程整体的施工许可证。

2.2.4　对标国际，建立工程质量安全保险体系

试点工程质量安全保险。对《广东省建设工程监理条例》规定强制监理以外的项目，探索建设单位通过购买工程质量安全保险的方式保障自身权益，利用保险公司成熟的商业运行经验，由保险公司委托风险管理机构对工程建设项目实施过程管理。试点成熟后探索扩大适用范围。2020年，广州出台了《广州市住宅工程质量潜在缺陷保险管理暂行办法》，明确住宅工程推行工程质量潜在缺陷保险，居住用地出让时将投保缺陷保险列入出让合同。住房和城乡建设部门在工程施工、竣工验收阶段对项目购买工程质量潜在缺陷保险以及施工过程中的第三方风险管控机构实施风险管控的情况进行监管。建设单位在业主办理房屋交付手续时，应将《工程质量潜在缺陷保险告知书》随《住宅质量保证书》《住宅使用说明书》一并交付业主。在保险期内，业主若发现工程存在保险范围内质量缺陷的，可以向保险公司提出索赔申请，由保险公司负责质量缺陷的维修或赔付。在小型低风险工程领域，试点推行工程质量安全保险，允许企业不采用监理，通过聘请第三方风险管控机构对施工过程进行风险检查的方式，保证工程

质量安全，探索新型工程质量安全监管模式。工程质量安全保险机制通过发挥保险公司的风险管理专长，将风险管控引入建设过程，在"事前、事中"进行监控，将工程质量隐患消除在"未然"，切实维护产权所有人的合法权益。

2.2.5 推行工程融合监管，统一联合验收

实施"一站式"融合监管。以机构改革为契机，深度融合质量安全、消防、人防职能，在全国首推"一家监督站"对工程建设全过程实施融合监管，破解消防、人防与建筑本体的制度分离和技术障碍，扭转企业面对"多头"监管的局面。由一家监督机构开展全过程工程质量、安全、消防、人防业务"一站式质量融合监管"，一是制定融合监管工作指引及融合监管流程图，将人防、消防检查内容按施工阶段分解，融入工程质量检查中，在建设过程中由同一监督小组同步开展土建、设备、人防、消防质量监督，解决了多部门重复检查问题。二是主动做好技术服务，通过施工过程融合监管及专项检查，提前解决原竣工验收中容易发生的不合格情况，有效解决了竣工验收多次反复的问题。三是优化系统功能，实现验收资料轻量化。

推行联合验收"收口"，强化工程行政监管闭环管理。发布4.0版本联合验收政策文件，严把投入使用前的最后一道关。一是明确只出一份《竣工联合验收意见书》，直观显示各专项验收结果，企业可自行扫码获取各验收技术参数。二是结合实际情况分类监管，避免一刀切，对建设工程档案、光纤到户、土地核验三项验收实行告知承诺制，对卫生防疫、环保、电梯等3项需要投入使用后才能最终验收的事项，由建设单位自主开展，不纳入联合验收范围。三是建立了纵向到区的联合验收信息化管理平台，纳入市、区各级部门90余家，确保联合验收实施全市统一标准、全过程

网上办理，企业可直接在政务平台发起申请，全程无需纸质材料入案。

2.2.6 持续完善公用业务，加强中介服务

根据《国务院办公厅关于开展工程建设项目审批制度改革试点的通知》（国办发〔2018〕33号）文要求，广州市的工程审批流程图和审批管理系统中均包括供水、供电、燃气、通信等市政公用服务事项，纳入综合服务窗口收、发件和一张表单审批范围。在市、区政务服务大厅开设了"市政公用综合窗口"，组织供水、供电、燃气、通信等单位进驻市政务服务大厅。凡涉及工程建设项目审批相关的配套服务事项，一并纳入"窗口"办理，实现市政公用单位"一个窗口"对外，为项目建设单位提供水、电、气、通信等方面的配套服务。进一步完善市联审平台"电水气协同报装"功能配置，实现"电水气协同报装"全程网办，并将接入需求提前至办理施工许可证核发前，实时推送至市政公用服务企业，进一步提高企业用户报装接入效率。印发优化用水、用电、用气报装专项工作方案，支持市政公用服务企业可通过"多规合一"平台获取地块、项目信息，提前布局周边管网建设。

按广东省统一规范要求，广州市中介服务事项网上交易平台全部纳入广东省网上中介服务超市平台交易和管理，同时，制定了《广州市网上中介服务超市建设工作方案》《项目业主、中介机构操作手册》《中介服务机构入驻承诺书》等中介服务管理制度，明确服务标准、办事流程和办理事项，规范服务收费，对中介服务进行全过程监管。

2.2.7 聚焦社会投资简易低风险，扩大政策覆盖面

广州市以营商环境评价为契机，于2019年出台优化社会投资简易低风险工程1.0版改革；2020年12月，进一步优化实施社会投资简易低风

险项目改革政策2.0版，将适用范围扩大至1万平方米以下符合条件的工业项目，与北京、上海、重庆政策范围一致。项目全流程继续维持6个环节、18天，实行一站式网上办理，并根据工程风险等级开展质量监督。

主要做法包括：一是免于单独办理社会投资项目备案，改由在工程规划许可证和施工许可证环节，通过政府内部信息共享向发展改革部门推送项目信息，完成备案手续；二是免于办理设计方案审查、污水排入排水管网许可证、环境影响评价审批和备案、供水、排水、供电报装手续；三是免收不动产登记费和工本费；四是岩土勘察工作由企业自行委托勘察单位开展，改由项目所在地的区级人民政府相关部门、特定地区管委会在土地出让前完成；五是并联办理建设工程规划许可证和建筑工程施工许可证，限时5个工作日办结；六是工程竣工联合验收时限压缩为5个工作日，规划和自然资源部门的不动产登记时间压缩为1个工作日；七是明确建设单位可不再委托审图机构进行施工图审查，改由住房和城乡建设部门通过事中事后监管确保图纸质量；八是推行工程质量潜在缺陷责任保险，鼓励建设单位购买工程质量缺陷责任险，防范和化解工程质量风险，保障使用人权益。

2020年3月，全市首个社会投资低风险项目报建在花都区落地，项目申报后，住房和城乡建设、规划和自然资源、水务等部门代企业完成审图、聘请监理、规划放线测量、排水外线工程建设等环节，仅用3个工作日就完成了工程规划许可证和施工许可证审批，为企业节省工作时间2个月，节省费用约50万。2020年4月，番禺区完成了首宗低风险项目联合验收和不动产登记，企业表示原计划从项目竣工到投入使用的4个月缩短至3天。

广州市社会投资低风险工程政策文件见表2.1。

政策文件一览表   表2.1

类别	序号	政策文件	制定部门
主文	1	《广州市工程建设项目审批制度改革试点工作领导小组办公室关于印发进一步优化社会投资简易低风险工程建设项目审批服务和质量安全监管模式实施意见（试行）的通知》（穗建改〔2020〕3号）	广州市住房和城乡建设局
	2	《广州市工程建设项目审批制度改革试点工作领导小组办公室关于印发进一步优化社会投资简易低风险工程建设项目审批服务和质量安全监管模式工作方案（2.0版）的通知》（穗建改〔2020〕28号）	广州市住房和城乡建设局
配套文件	1	《广州市工程建设项目审批制度改革试点工作领导小组办公室关于调整社会投资简易低风险工程勘察设计质量监管方式的通知》（穗建改〔2020〕7号）	广州市住房和城乡建设局
	2	《广州市工程建设项目审批制度改革试点工作领导小组办公室关于推进社会投资简易低风险工程建设项目一站式审批服务的通知》（穗建改〔2020〕8号）	广州市住房和城乡建设局
	3	《广州市工程建设项目审批制度改革试点工作领导小组办公室关于社会投资简易低风险工程建设项目岩土工程勘察推行政府购买服务的通知》（穗建改〔2020〕16号）	广州市住房和城乡建设局
	4	《广州市工程建设项目审批制度改革试点工作领导小组办公室关于调整社会投资简易低风险工程建设项目范围的通知》（穗建改〔2021〕1号）	广州市住房和城乡建设局
	5	《广州市住房和城乡建设局 广州市规划和自然资源局关于印发社会投资简易低风险项目工程规划许可证和施工许可证并联审批操作细则的通知》（穗建改〔2020〕2号）	广州市住房和城乡建设局、广州市规划和自然资源局
	6	《广州市住房和城乡建设局关于社会投资简易低风险工程办理消防备案事项通知》（穗建消防〔2020〕221号）	广州市住房和城乡建设局
	7	《广州市住房和城乡建设局关于优化小型工程质量安全管理工作的通知》（穗建质〔2020〕4号）	广州市住房和城乡建设局
	8	《广州市住房和城乡建设局 广州市地方金融监督管理局 中国银行保险监督委员会广东监管局关于印发广州市简易低风险工程项目工程质量潜在缺陷保险试点方案的通知》（穗建质〔2019〕1595号）	广州市住房和城乡建设局、广州市地方金融监督管理局、中国银行保险监督委员会广东监管局

续表

类别	序号	政策文件	制定部门
	9	《广州市工程建设项目审批改革试点工作领导小组办公室关于印发小型低风险工程试点工程质量安全保险工作方案(1.0)的通知》(穗建改〔2020〕26号)	广州市住房和城乡建设局
	10	《广州市住房和城乡建设局　中国银行保险监督管理委员会广东监管局　广州市地方金融监督管理局　广州市规划和自然资源局关于印发〈广州市住宅工程质量潜在缺陷保险管理暂行办法〉的通知》(穗建质〔2020〕203号)	广州市住房和城乡建设局、中国银行保险监督管理委员会广东监管局、广州市地方金融监督管理局、广州市规划和自然资源局
	11	《广州市住房和城乡建设局关于调整社会投资简易低风险工程建设项目委托监理要求的通知》(穗建筑〔2021〕23号)	广州市住房和城乡建设局
	12	《广州市住房和城乡建设局关于调整优化广州市社会投资简易低风险工程白蚁预防工程监管方式的通知》	广州市住房和城乡建设局
配套文件	13	《广州市住房和城乡建设局　广州市规划和自然资源局关于优化社会投资简易低风险工程竣工联合验收工作的通知》(穗建改〔2019〕99号)	广州市住房和城乡建设局、广州市规划和自然资源局
	14	《广州市住房和城乡建设局关于进一步提高本市施工图综合审查、工程监理及工程监督人员从业要求的通知》(穗建改〔2020〕5号)	广州市住房和城乡建设局
	15	《广州市住房和城乡建设局关于加强建筑工程质量风险分级管控的通知》(穗建质〔2020〕21号)	广州市住房和城乡建设局
	16	《广州市住房和城乡建设局关于加强建筑工程施工安全风险分级管控的通知》(穗建质〔2020〕22号)	广州市住房和城乡建设局
	17	《广州市住房和城乡建设局关于印发广州市建筑工程质量安全风险分级检查标准的通知》(穗建质〔2020〕234号)	广州市住房和城乡建设局
	18	《广州市发展改革委关于社会投资简易低风险工程建设项目合并办理企业投资项目备案有关工作的通知》(穗发改〔2021〕5号)	广州市发展改革委
	19	《广州市规划和自然资源局关于简化办理社会投资简易低风险工程建设项目有关事项的通知》	广州市规划和自然资源局
	20	《广州市规划和自然资源局关于社会投资简易低风险工程建设项目全流程综合测绘试行政府购买服务的通知》	广州市规划和自然资源局

续表

类别	序号	政策文件	制定部门
配套文件	21	《广州市生态环境局关于印发社会投资简易低风险工程建设项目环境影响评价管理要求的通知》(穗环〔2019〕129号)	广州市生态环境局
	22	《广州市生态环境局关于印发广州市豁免环境影响评价手续办理的建设项目名录(2020年版)的通知》(穗环规字〔2020〕10号)	广州市生态环境局
	23	《广州市水务局　广州市工业和信息化局关于印发〈广州市社会投资简易低风险工程获得用水获得电力工作指引(试行)〉的通知》(穗水资源〔2019〕46号)	广州市水务局、广州市工业和信息化局
	24	《广州市水务局关于印发广州市进一步优化获得用水接入工作方案(试行)的通知》(穗水资源〔2019〕24号)	广州市水务局
	25	《广州市水务局　广州市住房和城乡建设局关于优化社会投资简易低风险工程建设项目施工临时排水许可证核发工作的通知》(穗水排水函〔2020〕5号)	广州市水务局、广州市住房和城乡建设局
	26	《广州市水务局关于印发优化社会投资简易低风险工程建设项目排水报装改革实施细则(2.0版)的通知》(穗水排水〔2021〕3号)	广州市水务局
	27	《广州市城市管理和综合执法局关于明确社会投资简易低风险工程建设项目范围扩大后免予办理城市建筑垃圾处置(排放)核准的通知》(穗城管〔2020〕813号)	广州市城市管理和综合执法局
	28	《广州市工业和信息化局关于印发〈广州市进一步优化社会投资简易低风险项目电力接入营商环境实施办法(试行)〉的通知》(穗工信函〔2020〕3号)	广州市工业和信息化局
	29	《广州市工业和信息化局关于印发〈广州市低压非居民电力外线工程建设项目免审批工作指引〉的通知》(穗工信函〔2020〕10号)	广州市工业和信息化局
	30	《广州市民政局关于做好社会投资简易低风险工程建设项目申报地名工作的通知》(穗民〔2020〕303号)	广州市民政局
	31	《广州市不动产登记中心关于优化社会投资简易低风险工程建设项目不动产首次登记的补充通知》(穗登记〔2020〕3号)	广州市不动产登记中心
	32	《广州市政务服务数据管理局关于印发广州市工程建设项目"全程免费代办"工作方案(试行)的通知》(穗政数〔2019〕24号)	广州市政务服务数据管理局
	33	《中共广州仲裁委员会党组关于增挂"中国广州建设工程仲裁院"机构名称的决定》(穗仲党文〔2020〕1号)	中共广州仲裁委员会党组

2.3 广州工程建设项目审批制度改革成效

2.3.1 降低项目审批周期

国务院要求2018年试点地区建成工程建设项目审批制度框架和管理系统，审批时间压减一半以上，由平均200多个工作日压减至120个工作日。在此基础上，广州更上一层楼，到2018年年底，工程建设项目审批时限从国务院要求的120个工作日压缩到90个工作日。通过对工程建设项目全流程的改革优化，从2015年219个工作日到2021年的35个工作日，办理时间压缩率近85%。企业可以同时办理多项手续，缩短全流程用时。通过信息共享、全流程网办等方式，单个审批事项的平均用时从2015年的20个工作日压缩到5个工作日以内，平均压缩幅度达到75%以上，个别审批用时压缩率达到90%以上。政府投资项目全流程审批周期压缩到85个工作日以内，社会投资项目全流程审批周期则在35个工作日以内。社会投资类项目通过合并、取消、压缩等手段，办理日期大大减少，见表2.2。

社会投资项目主要报建审批手续对比一览表   表2.2

序号	审批手续	2015（天数）	2021（天数）
1	项目备案	8	1
2	用地批准书	8	合并3天
3	用地规划许可证	8	
4	修详规审批	17	合并最少2个工作日，最多14个工作日
5	工程规划许可证	11	
6	招投标	25	社会投资项目取消
7	招标文件备案	2	
8	招标情况备案	2	
9	环评、水土保持等专项报建	30	3

续表

序号	审批手续	2015（天数）	2021（天数）
10	规划放线	7	1
11	质量安全报监	5	合并5天
12	施工许可	3	
13	噪声排污许可	30	取消
14	占用挖掘道路许可	15	5
15	规划验收	15	合并7天
16	消防验收	15	
17	人防验收备案	10	
18	工程质量验收监督	10	
19	竣工验收备案	10	

3000平方米内办公场所室内装修工程豁免行政审批，收到以仲量联行、世邦魏理仕等为代表的国际五大行的良好反馈，此举可为企业节约至少2个月以上的行政审批时间，极大加速装修工程的投入使用进度，增强外商在穗投资设企办公信心，加速项目投入使用与生产经营进度，稳定广州市建筑市场主体投资信心。

以社会投资简易低风险工程实施建设工程规划许可证与施工许可证并联办理为例，整合申报材料，压缩审批时限。将两证分别办理时的最多23项材料，9个工作日进一步压缩到最多15项材料，5个工作日，申报材料压减34%，审批用时压减45%。其中首宗花都仓库项目的业主接受采访时反馈：报建工期缩短了2个月，并节省了50万左右的成本。

2.3.2 保障工程质量安全

自2020年8月起深度融合统一监管工程质量、安全、消防、人防业务，在全国首推一家工程质量安全监督机构全过程监管建筑、消防、人防质量，及时解决了多头监管、技术审查滞后、整改不及时等问题，保障各专项验收的一致性。在项目施工和完工前，监督机构提前介入验收资料和实体质量检查，把现时验收阶段可能发现的质量问题化解在施工过程中，大大提高了验收评定的工作效率。

2.3.3 节约企业成本，提高企业经济效益

推行政府购买服务，减少企业成本。社会投资简易低风险项目通过政府购买服务主动为企业开展勘察、监理、测绘、供排水接驳等，企业无需再自行委托和支付费用；取消符合条件项目的城市基础设施配套费、不动产登记费。政策落地的成效看企业实际的获得感。作为广州市房地产企业代表，广州保利城改投资有限公司报建部负责人表示："了解到'施工许可证2.0'分阶段办理新政策后，海珠区琶洲东项目于2020年12月办理了第一阶段基坑的施工证，实现提前5个月开工，业主亦可提前5个月入住新房。工期的缩短，为整个项目注入了活水，不仅节省了财务费用约9000万，也避免了等待施工阶段人力、设备的浪费，对于企业来说，这不仅是'暖心剂'更是'强心剂'。"据保利集团内部测算，2021年在广州共7个项目办理分阶段施工许可证，合计为企业节省了4.25亿财务成本。海珠沥滘旧改项目为全市首个获得分阶段施工证的更新改造工程，珠江城市更新集团开发设计中心负责人表示，城市更新项目有着规模大、时间久、跨度长的特点，采用分阶段办理施工证后，沥滘项目提前4个月开工，复建区住宅可提前4个月交楼。这对专业从事城市更新的开发商来说，每缩短开工时间一天，就可以节省一笔相当大数额的临迁费。企业预计节省300万财务费用，同时又减少约3000万临迁费。

施工许可分阶段办理（"施工许可证2.0改革"）真正实现工程项目拿地后即可动工建设，质量安全监督机构同步介入监督，确保施工质量安全，

避免出现政策实施前工程因手续不全而产生的无序施工问题，有效规范了城市管理秩序。"施工许可证2.0改革"自2020年6月1日开始实施以来，全市已办理分阶段施工许可超3000宗，有效加快了大批量房屋建筑工程项目建设进度，普惠的政策红利得到企业广泛好评。政策实施两年多以来，涉及工程建设的总投资额共计约1.1万亿元，如按平均每个工程可提前3个月开、竣工初步估算，以目前银行贷款年化利率或资金收益约5%计算，工程提前3个月开、竣工就可为企业减少利息额或增加投资收益超100亿元，在抗疫期间为企业减负增效送上了"暖心剂"和"强心剂"。

2.3.4 提升城市营商环境

在全面完成国家规定改革任务外，广州市紧盯问题导向、目标导向、结果导向，大胆突破陈规旧制，主动加压，在（国办发〔2018〕33号）文基础上进行更加深入的改革，提出多项创新性举措。结合市人大优化营商环境立法，将分阶段办理施工许可改革的做法顺利融入地方性法规《广州市优化营商环境条例》，为改革提供法制支撑，为广州进一步打造市场化、国际化、法治化的营商环境做了扎实的工作。

通过先行先试取得工作经验和检验改革成效后，住房和城乡建设部力推广州市"施工许可证2.0改革"做法，2020年11月邀请广州市向各省住房城乡建设部门分享广州分阶段办理施工许可改革举措，在全国掀起学习引领热潮，该做法受到住房和城乡建设部及大连、福州、博鳌、惠州、汕头等省内外城市政府部门和各类投资企业的高度认可。

2018年以来，国务院发展研究中心、住房和城乡建设部多次到广州市开展工程审批制度改革考核和第三方评估，对广州市改革工作成效给予充分肯定。广州市"区域评估+承诺制""用地清单制""水电气外线工程并联审批"等3项改革做法入选住房和城乡建设部首批向全国推广改革经验。2019年5月，国家发展改革委组织41个主要城市开展营商环境评价工作，评价结果显示广州市"办理建筑许可"专项指标位列全国第三，用地清单制改革做法作为"一省一案例"入选国家发展改革委编著的《中国营商环境报告2020》。"施工许可分阶段""融合监管""工程质量潜在缺陷保险""四证联办"4项创新经验入选《中国营商环境报告2021》。2021年度全国工程建设项目审批制度改革工作评估中，广州市排名第1位。

第3章 工程建设项目审批制度改革总结

目前国家赋予的各项改革任务基本完成，广州市已顺利通过住房和城乡建设部考核评估，国务院发展研究中心对广州市改革成效高度肯定，企业获得感持续提高。广州取得这些成绩的背后来自自上而下各方的共同努力、共同参与。

3.1 广州工程建设项目审批制度改革所取得的经验

3.1.1 加强组织领导，推动改革任务落实

自2018年4月广州市被列为国家工程建设项目审批制度改革试点城市以来，广州党政"一把手"高度重视，积极参与协调落实关键步骤，为短短半年时间内圆满完成改革任务提供了关键支持。广州市成立了由市主要领导牵头的广州市工程建设项目审批制度改革试点工作领导小组（以下简称"市审改领导小组"），市发展改革委、住房和城乡建设局、规划和自然资源局等16个相关部门作为小组成员单位，举全市之力积极推动工程建设项目审批制度改革工作。市审改领导小组主要领导先后多次召开专题会议，听取改革进展情况汇报，研究协调重大问题，为改革把关定向。领导小组办公室设在市住房和城乡建设局（以下简称市工程审批改革办公室），市住房和城乡建设局牵头成立了全市办理建筑许可工作专班，成员包括发

展改革、规划和自然资源、水务等7个主要部门。局内组建了20人的集中办公小组，内设综合、宣传、环节、质量、翻译等小组，工作有序推进。市委、市政府"一把手"亲自抓。党政主要领导既挂帅又出征，定期研究、协调推进。自改革启动以来，市委书记、市长召集专题会议，听取改革进展情况汇报、研究协调配套文件落地等重大问题，为改革把关定向。

《广州市工程建设项目审批制度改革试点实施方案》（以下简称《广州方案》）将改革任务分解到各部门，并要求限时完成。市直各部门积极联动，按计划有序推进。市住房和城乡建设局、规划和自然资源局、政务服务数据管理局等审批改革关键部门，均成立由部门主要领导牵头的专项工作小组，定期研究重点难点问题，系统推进改革措施落地。各区政府也分别成立了由区委区政府主要领导任组长的区工程审批改革领导小组。市工程审批改革领导小组建立了周例会制度，分管副市长或由其委托的有关领导每周主持召开会议，协调研究各部门改革进展情况及存在问题。

3.1.2 提升服务理念，优化服务管理方式

改变以往工程建设项目审批制度中存在的串联审批、各自为政、手续繁琐、时限冗长的弊端，致力于建立并联审批、部门协同、实时流转、快捷高效的新流程。政府部门进一步转变监管方式和监管理念，工作重心由"重事前审批为主"向"强事中事后监管"转变。在严格遵循、逐条落实《国务院办公厅关于开展工程建设项目审批制度改革试点的通知》（国办发〔2018〕33号）的基础上，结合广州实际提出特色做法。

一是持续推进行政审批事项标准化管理。梳理行政权力清单并录入"省事项系统"，在广东省政务服务网发布。推进市级行政权力事项精简工作，建议保留128项、直接下放200项，委托下放16项、取消4项，移出4项，精简率为63.6%。清理证明类事项，向市司法部门报送建议清理12

项证明类事项或材料，进一步减证便民、优化服务。

二是主动适应企业发展需求，持续深化改革。推进联合验收4.0改革，施工许可2.0改革等，建设单位根据工程项目进展，灵活选择分阶段申办施工许可证，加快项目进度。

三是提供"一站式"服务，推行免费帮办代办。市、区政务服务中心建立企业代办服务室（专窗），推行工程建设项目政务服务事项"一站式"免费帮办代办服务，为办事企业提供"点对点"个性化服务，以精准化服务助力项目高效推进。利用企业代办服务室、代办专窗、政务服务网、穗好办APP等线上线下平台，采取线上交流、视频联动、现场服务等多种方式，为企业提供精细周到的帮办代办服务。

四是实施"一站式"审批监管。"一站式"分类申报施工许可，全程网办，分阶段办证保障项目拿地即可开工；"一站式"监管工程质量安全、消防、人防，由一家工程质量安全监督机构按"一套图纸"全过程监管，保障后期各专项验收的一致性；"一站式"联合验收，优化整合工程竣工验收备案手续，建设单位可提前半年时间办理取得不动产权登记，加速项目投入使用与生产经营进度，稳定广州市市场主体投资信心。

五是建立改革体验员机制、微信小程序投诉建议处理机制，及时解读改革政策，回应企业关切问题。市政务服务数据管理局企业帮办代办服务室揭牌启用，搭建起企业免费帮办代办服务洽谈的平台和场所，面向涉及市级审批权限的社会投资项目和政府投资项目，依托帮办代办服务队伍，设置咨询、指导、协调、帮办代办等服务模式，跟踪项目审批流程进度，体现"马上办、全程办、免费办"的服务理念，为广州市工程建设项目提供精细周到的帮办代办服务，切实提高工程建设项目政务服务效率。同时依托企业代办服务室和线上代办服务平台，创新应用市区视频连线等新技术手段，构建部门协同、市区联动的帮办代办服务体系。

3.1.3 加强各方保障，部门协同联审决策

各部门的协调配合形成合力，住房和城乡建设、规划和自然资源、政务服务数据管理等关键部门勇于打破部门界限、拆除行业藩篱，积极配合，直击审批制度改革核心环节，坚持以问题为导向，从自身改起，开阔思路，大胆创新，确保改革措施实在管用。整合业务职能，实行建筑、消防、人防融合监管。通过建设单位告知承诺，全面实行"一站式"联合验收，消除多年来消防、人防与建筑管理部门、法律法规、技术标准分离的状况，扭转企业面对"多头"监管的局面，进一步提高工程建设项目审批效率，减少企业被打扰的次数。

自《试点实施方案》印发后，广州市以《周报》的形式每周将进展情况报住房和城乡建设部办公厅，每月按住房和城乡建设部要求报送进度报表。

3.1.4 推进在线审批，加快"数字政府"建设

推进"数字政府"改革建设，以广州市住房和城乡建设局为例，施工许可证核发等126个行政许可业务办理项已实现100%全网办，即办率超80%，时限压缩率超90%。为进一步梳理完善广州市各项改革措施的落地执行，2021年9月，根据《住房和城乡建设部关于进一步深化工程建设项目审批制度改革推进全流程在线审批的通知》（建办〔2020〕97号），广州市制定《广州市进一步深化工程建设项目审批制度改革推进全流程在线审批工作实施方案》（穗建改〔2021〕7号），以下简称《实施方案》。《实施方案》提出持续破解堵点问题、深化完善用地清单制、推进工程建设项目全流程在线审批等关键举措，减轻企业负担，实现向服务型政府的转型。

《实施方案》从项目联合、融合监管、信息共享、用地清单、全流程

审批等多层次服务中总结经验，巩固改革成果。具体成效如下：一是全面推行工程建设项目分级分类管理。全面梳理当前工程建设项目全流程审批事项、环节、条件，修订完善房屋建筑、线性工程、公路工程、供排水工程等审批流程，规范办事指南，实现精细化、差别化的分类管理。二是依托"多规合一"平台，深化完善用地清单制。由土地储备机构组织相关部门开展压覆矿产资源、地质灾害评估、水土保持等6项评估工作和文物、危化品危险源、管线保护等7个方面的现状普查，形成涵盖地块规划条件、宗地评估评价、技术设计要点、控制指标、绿化要求、宗地周边供水、供电、供气、通信连接点和接驳要求等"清单式"信息，在土地出让时免费公开，相关部门在项目后续报建或验收环节不得擅自增加清单外的要求。三是对全市范围内新出让的工业地块，市、区土地收储部门在土地出让前完成初步岩土工程勘察工作，勘察报告纳入用地清单，在土地出让时一并提供给土地受让人。四是巩固并联审批、融合监管成效。试点推行房屋建筑工程规划许可证、消防设计审查、人防报建和施工许可证并联审批。五是加快提升企业水电气报装接入服务。建立联合工作机制，推行协同报装、联合勘探、共享外线工程设计方案，进一步提升水电气接入效率。

3.1.5　坚持因地制宜，推行各区改革试点

积极开展工程保障方案设计，探索富有广州市地方特点的差异化保障。广州市工程质量安全保险制度是广州基于首批营商环境创新试点城市，着力优化提升营商环境推出的制度性创新，也是广州作为粤港澳大湾区中心城市在建设领域做出的制度性探索。广州市坚持对不同类型工程实施分类施策，制定差异化工程保险保障方案。广州市简易低风险工程不实施监理，实行建设工程质量安全保险制度，保险公司委托风险管理机构开展风险管理。风险管理机构针对住宅工程、保障性住房工程和简易低风险

工程建设主体、施工建设周期、施工过程重点难点等的不同，保险方案里风险管理机构巡查频率从建设全周期共计三次到每月一次不等，根据工程类型，基础工程、结构工程、防水工程的巡查重点也各不相同，构筑了切合工程实际的风险巡查体系。

广州市分别于2020年11月和2021年10月在花都区、南沙区试点推行房屋建筑项目工程规划许可证、建筑工程施工许可证、人防工程报建、特殊建设工程消防设计审查"四证并联"审批，将原来只能串联单办或两证联办的事项，进一步扩展为跨部门"四证联办"，实现"全程网办、一次申报、并联审批、同步发证"。同时提供多种办理套餐供企业选择，对于无需办理消防设计审查的项目，企业也可选择"三证联办"。改革后，企业申报次数从4次减少为1次，避免重复提交材料，审批时限从串联办理法定总时限47个工作日压缩到5个工作日，压缩率达90%。截至2021年底，花都区已完成"四证联办"项目23宗，试点成效初现。

在黄埔区、南沙区试点推行工业厂房仓储项目一站式审批管理模式。为解决因政府部门职能分散引起的多头报建问题，广州市工程建设项目审批制度改革试点工作领导小组办公室印发了《试点推进工业厂房仓储项目一站式审批管理指导意见的通知》(以下简称"指导意见")，在黄埔区、南沙区试点推行工业厂房仓储项目一站式审批管理模式。《指导意见》一是提出总体要求，发挥两区在开发区、自贸区的先行先试优势，充分利用现行行政审批局集中审批机制。二是明确试点任务，由区行政审批局牵头，按照分类审批模式，统一受理行政区域范围内符合条件的工业仓储项目从取得用地后到竣工验收过程中涉及的行政审批、政府部门委托的技术审查和市政公用服务事项，做到网上一站式申报，实现企业办事"只进一扇门，只对一机构，只用一公章"。三是建立保障机制，从组织领导、责任划分、系统支持等方面为开展试点工作保驾护航。黄埔区、南沙区政策落地后，一方面可进一步减少工业项目分散报建的现状，有利于优化提升广州市营商环境"办理建筑许可"指标。另一方面可为跨部门联合审批积累宝贵经验，为下一步优化工作提供重要参考。

3.1.6　加强统筹督办，压实各方主体责任

制定《工程建设项目审批制度改革试点工作考核评价试行办法》（穗建改〔2018〕1号）、《广州市工程建设项目审批制度改革试点培训方案》（穗建计〔2018〕1610号）、《关于做好修改废止一批涉及工程建设项目审批制度改革的规范性文件工作的通知》（穗建改〔2019〕13号）等总体性文件，统筹指导各有关部门有序推进改革工作，目前市审改领导小组开展了2轮考核评价，2轮督导检查，覆盖市各主要部门、市空港委及各行政区。

参考住房和城乡建设部考评办法，2018年广州市印发了《广州市工程建设项目审批制度改革试点工作考核评价试行办法》，对承担改革试点工作任务的19个单位和11个区进行督导考核，并在同年9月底和11月初共开展2次考核评价。市委书记审阅了考评报告，分管副市长集体约谈了改革滞后单位。此外，国务院研究室会同住房和城乡建设部等部委多次对广州市改革工作进行了督导和调研。通过各层级的督导检查，有力促进了广州市工程审批制度改革进展及措施落地。

3.1.7　加强宣传培训，营造政企合力氛围

广州市制定了《广州市工程建设项目审批制度改革试点培训方案》《关于做好审批制度改革试点工作宣传报道的通知》等文件，全面推进和落实培训宣传工作。各区及承担工程审批改革重点工作的市住房和城乡建设局、规划和自然资源局、政务服务数据管理局等部门，组织了工程审批制度改革实施方案宣贯及施工许可、联合验收、联合测绘、项目生成、"多

规合一"平台、联合审批平台等关键环节的配套政策解读、系统操作等方面的专业培训。让从事工程项目建设管理和审批的工作人员、政务审批窗口人员、企业负责人、企业工程审批经办人等尽快掌握政策、熟悉流程，有效提高了服务效率。

广州市综合运用线上线下、点面结合的方式全方位开展政策宣传培训。一是把改革政策融入继续教育。组织编写《广州市工程建设项目审批制度改革暨办理建筑许可政策培训教材》，结合政策措施与案例分析，充分反映当前广州市工程领域内审批制度改革和优化营商环境的新动向、新做法，纳入全市30余万建设执业人员的继续培训教育学分，搭建常态化宣传培训机制。二是加强网上宣传。在市政府和市住房城乡建设局、规划和自然资源局优化营商环境网站专栏发布政策文件，通过省、市宣传媒体进行各类改革宣传报道，制作简易低风险工程、质量分级管控、联合验收宣传册及各类政策解读短视频，并借助腾讯网、微信等平台进行广泛发布报道。三是开展"政策送上门"活动。由市工程审批改革办公室牵头，先后赴建筑业、勘察、设计、监理、房地产等行业协会和主要建设开发企业开展专题调研，面对面解读广州市各项改革新政，听取改革问题和建议。

3.2 广州工程建设项目审批制度改革尚存在的不足

3.2.1 技术层面上，各技术标准存在矛盾

广州市近年来在实施联合验收工作中，发现部门专项之间的依据标准存在矛盾和打架问题，需要从国家、省层面统一技术标准与规范。例如，消防与绿化率之间：项目地块用地相对较小，以高层或超高层居多，小区要求绿化率35%以上；而消防登高面占用场地面积较大，且无法计入绿地面积。消防与供电之间：供电部门要求电房门通风，消防部门要求

电房门封闭。

3.2.2 制度层面上，改革面临天花板效应

近年来国家大力推进行政审批制度改革和优化营商环境工作，上位法约束之下，地方政府改革面临天花板，进一步推进改革存在一定风险和阻碍。目前广州市保留的工程建设项目行政审批事项，全部都有国家、省的法律法规或文件作为依据，每个审批事项均在特定领域内发挥相应规范作用。若要进一步修改或取消行政审批事项，可能存在较大法律风险，也有违依法行政、依法改革的原则，例如取消竣工验收备案和项目负责人责任划定问题。广州市正在探索开展工程质量安全保险工作，由保险公司委托第三方TIS机构进行质量安全巡查，加强工程质量安全管控，保障业主合法权益。但TIS机构的职责缺乏上位法律界定，出现问题时难以厘清法律责任。

行政管理标准化和审批改革个性化之间不相协调。例如根据广东省"数字广东"工作和国家政务服务能力考核需要，目前"广东省政务服务网"和"广东省政务服务事项管理系统"主要从规范化、标准化管理的角度建设，固化了审批事项和办事材料设置，各地市无权调整审批事项或流程，地方审批改革的积极性、自由度和灵活性受到限制。广州市改革后出现的新审批事项只能录入公共服务事项类别；施工许可分阶段办理时，因省级材料库中没有对应材料，无法在省事项管理系统中录入基坑图纸稳定承诺说明等材料，发布相关的办事指南。

实行告知承诺制的审批事项，告知承诺容许后补材料仅仅基于申请人的承诺进行许可审批，存在个别企业因各种主、客观原因不能在既定期限内履行承诺，容易发生损害第三方的利益、引起投诉等问题。目前对国家层面尚未形成完善的行政审批事项告知承诺制分类分级信用惩戒制度，各

市在推行过程中存在行政风险较大，惩戒方法不多的问题。

3.2.3 效果层面上，成效与预想仍有差距

从广东省工程审批监管系统的数据分析，以及其他省、市到广州市的调研交流情况看，虽然各省、市大力推行并联审批，但企业普遍并未选择并联审批的模式，一是企业习惯了"成熟一项申报一项，到什么阶段办什么事"的报建方式。二是工程建设项目从立项到竣工，是一个循序渐进的过程，并联审批虽节约时间，但也提高了申报门槛，企业反映比较难准备齐全所有申报材料。三是联审决策存在"审而不决"问题。联审决策的会议意见作为"参考依据"，结论的权威性有待提升。

压缩审批时限与保障服务质量存在矛盾。近年来国家法治政府考核要求各城市不断压缩审批时限，以施工许可证核发事项为例，从最开始的14个工作日，合并监督手续后压缩至7个工作日，后压缩至5个工作日、3个工作日，为达到考核要求，可能需要压缩至2个工作日。随着项目规模增加，涉及的审批事项、用时相应增加，如减免审批和质量监督检查次数，容易出现工程质量安全、社会监管风险。单纯无限制压缩审批时间，存在增加审批出错率的风险，也可能导致体外循环现象出现，不利于保障审批服务质量。

第二部分

项目改革篇

第4章　工程建设项目审批分类改革

4.1　工程建设项目审批分类改革的内涵与背景

根据《广州市人民政府关于印发广州市工程建设项目审批制度改革试点实施方案的通知》(穗府〔2018〕12号)、《广州市人民政府关于印发广州市进一步深化工程建设项目审批制度改革实施方案的通知》(穗府函〔2019〕194号),广州市建立工程建设项目审批制度框架和管理系统,将工程建设项目分为政府投资和社会投资两大类,实行全覆盖分类管理,优化审批流程(见图4.1)。

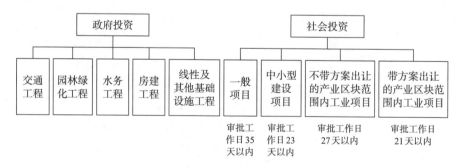

图4.1　工程项目审批时限

4.2 工程建设审批分类改革的政策与措施

4.2.1 政府投资类（房屋建筑）工程建设项目审批服务流程图

政府投资类（房屋建筑）工程建设项目的建设步骤分为四个阶段（不计项目策划阶段），即立项用地规划许可阶段、工程建设许可阶段、施工许可阶段和竣工验收阶段（见图4.2）。

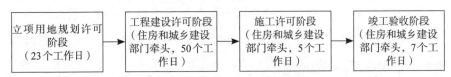

图4.2 政府投资类（房屋建筑）工程建设项目的四个阶段

政府投资类（房屋建筑）工程建设项目审批服务全过程流程，四个阶段总计85个工作日（23+50+5+7）。每个阶段又包括技术审查主线、行政审查主线和审批辅线等若干模块。

4.2.2 社会投资类工程建设项目审批服务流程图

社会投资类工程建设项目，是指非政府财政资金投资的项目。社会投资类工程建设项目，又分为一般项目的社会投资、不带方案出让用地的产业区块范围内的工业项目、带方案出让用地的产业区块范围内的工业项目等各类项目。

1. 一般项目的社会投资类工程建设项目

社会投资类工程建设的一般项目，是指在社会投资类工程建设项目中，除带方案出让用地的产业区块范围内工业项目、不带方案出让用地的产业区块范围内工业项目、中小型建设项目等有特殊规定的类型外的工程建设项目。服务流程分为四个阶段（见图4.3）。审批时间控制在35个工作日以内，政府技术审查时间控制在40个工作日以内，一般项目的社会投资类工程建设项目审批服务流程见图4.3。

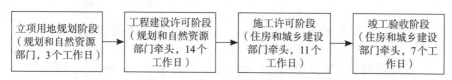

图4.3　一般项目的社会投资类工程建设的四个阶段

一般项目的社会投资类工程建设审批服务全过程流程，四个阶段总计35个工作日（3+14+11+7）。每个阶段又包括技术审查主线、行政审查主线和审批辅线等若干模块。图4.3清晰地标明了各主线（辅线）、各阶段可并行办理的事项及节点时间。

2.社会投资类工程建设项目（不带方案出让用地的工业项目）

不带建设方案出让用地的产业区块范围内的工业项目，服务流程也分为四个阶段（见图4.4）。审批时间控制在27个工作日以内，政府技术审查时间控制在40个工作日以内。

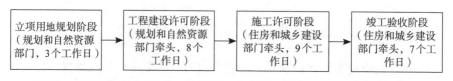

图4.4　一般项目的社会投资类工程建设的四个阶段（不带方案出让用地的工业项目）

图4.4列出了社会投资类不带方案项目的审批全过程流程图。不带方案出让用地的工业项目建设审批服务全过程流程，四个阶段总计27个工作日（3+8+9+7）。每个阶段又包括技术审查主线、行政审查主线和审批辅线等若干模块。

3.带方案出让用地的产业区块范围内的工业项目

带方案出让用地的产业区块范围内的工业项目，服务流程减少为三个阶段（见图4.5）。审批时间控制在21个工作日以内，政府技术审查时间控制在15个工作日以内。

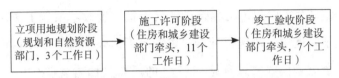

图4.5 带方案出让用地的产业区块范围内的工业项目工程建设的审批时限

带方案出让用地的产业区块范围内的工业项目建设审批服务全过程流程，三个阶段总计21个工作日（3+11+7）。每个阶段又包括技术审查主线、行政审查主线和审批辅线等若干模块。

4.社会投资类工程建设项目（中小型建设项目）

社会投资类工程建设项目（中小型建设项目），是指可建设用地面积小于10000平方米（含10000平方米）且为单幢中小型建筑（建筑高度不大于50米、总建筑面积不大于20000平方米）的建设项目。这种工程建设项目审批时间也比一般项目的要短一些。社会投资类的中小型建设项目，服务流程也是减少为三个阶段（见图4.6）。审批时间控制在23个工作日以内，政府技术审查时间控制在15个工作日以内。

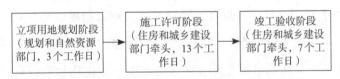

图4.6 社会投资类工程建设项目（中小型项目）的审批时限

4.2.3 社会投资简易低风险工程建设项目审批优化措施

考虑到进一步优化社会投资审批效率，将社会投资简易低风险工程建设项目审批服务单独进行了审批改单，这也是广州市建设工程领域审批制度优化改革的重要内容。该政策体系最初包括了2个主文件及34个各部门的配套文件。

　　2020年1月10日，广州市工程建设项目审批制度改革试点工作领导小组办公室印发《广州市工程建设项目审批制度改革试点工作领导小组办公室关于印发进一步优化社会投资简易低风险工程建设项目审批服务和质量安全监管模式实施意见（试行）的通知》（穗建改〔2020〕3号），对私（民）营、外商和港澳台企业投资或投资占主导的，宗地内单体建筑面积小于2500平方米、建筑高度不大于24米，年综合能耗1000吨标准煤以下，功能单一、技术要求简单的新建普通仓库和厂房，且不生产、储存、使用易燃、易爆、有毒、有害物品或危险品的社会投资项目定义为简易低风险工程建设项目，为持续优化和改善广州市办理建筑许可营商环境，进一步提高广州市社会投资简易低风险工程建设项目审批效率和服务质量，更好地支持中小企业发展，提出了系列审批优化和改革措施，包括全面推行一站式免费帮办代办服务、不再单独办理企业投资项目备案（由建设单位在申报工程规划许可证、施工许可证时录入相关信息，由市联审平台推送备案信息）、项目建设审批"零成本"、免于办理设计方案审查、调整施工图审查模式等数十项改革措施。

　　2020年12月9日，广州市工程建设项目审批制度改革试点工作领导小组办公室根据实际情况，及时总结了（穗建改〔2020〕3号）文在试行期间的意见，并在此基础上印发了《关于进一步优化社会投资简易低风险工程建设项目审批服务和质量安全监管模式工作方案（2.0版）》（穗建改〔2020〕28号），进一步扩大改革受众面，持续提升建筑许可审批效率和服务质量。

1. 简易低风险项目审批服务流程

　　社会投资简易低风险工程建设项目审批全面推行全流程一站式网上办理。严格执行广州市集成服务工作规则，社会投资简易低风险工程建设项目涉及的各项审批手续，统一通过广东省政务服务网中的广州市工程建设项目联合审批平台（以下简称市联审平台）办理，企业可通过自行上网下载、邮寄服务等方式获取审批结果，各相关审批部门不得强制要求企业通过其他网站（系统）、线下实体窗口申报或领取审批结果。图4.7列出了10000平方米以下的简易低风险工程办理流程图。

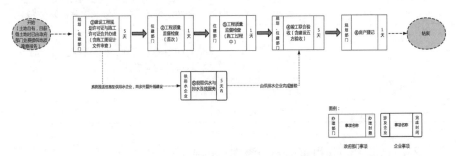

图4.7　10000平方米以下的简易低风险工程办理流程图

表4.1列出了10000平方米以下的社会投资简易低风险工程办理流程清单。该表列出了10000平方米以下的社会投资简易低风险工程各个环节的名称、办理时间及预估费用等。从表4.1可以看出，改革后办理各流程的手续费用为零。

广州市10000平方米以下的社会投资简易低风险工程办理流程清单　表4.1

序号	环节名称	办理时间	预估费用（元）	备注
1	建设工程规划许可证与施工许可证合并办理（含施工图设计文件审查）	5	0	施工图设计审查等费用由政府采用购买服务方式出资，无需建设单位支付
2	工程质量监督检查（首次）	1	0	包括确认建设五方到位情况、查看现场是否具备施工条件、召开质量安全监督首次交底会议、核验施工图审查发现的问题整改完毕等
3	工程质量监督检查（建设过程中）	1	0	为建设过程中的分部分项工程验收监督检查

续表

序号	环节名称	办理时间	预估费用（元）	备注
4	竣工联合验收（含建设五方验收）	5	0	1.包含建设主体五方验收、质量竣工监督、消防备案、规划条件核实、土地核验事项；2.联合验收通过后，同步发放工程竣工验收备案手续和工程门牌号码
5	获取供水与排水连接服务	7（预估）	0	建设单位申请施工许可证时，系统推送信息至供排水企业，同步开展外线建设，在联合验收时完成接驳
6	房产登记	1	0	
合计	6环节	18天	企业0成本	

2.简易低风险项目审批服务流程优化具体内容

表4.2中列出了10000平方米以下的简易低风险工程审批流程的具体内容及涉及部门。这些审批内容涉及施工图、市政设施、监管、工程规划许可等14项内容。从表4.2可以看出，各种优化措施非常具体，具备可操作性。这些措施有力地优化了社会低风险类工程的审批环境。比如，社会投资简易低风险工程建设项目，在项目联合验收合格后，申办房屋所有权的首次登记，其申办过程实行全流程一站式网上办理，由政府购买服务委托第三方机构开展不动产测量，无需企业提供，免收不动产登记费，办理期限1个工作日办结。

4.3 工程建设项目审批分类改革的亮点

4.3.1 流程优化

广州市对各类工程建设项目的审批实行流程优化改革，实现了行政审批和技术审查相分离（表4.2）。

社会投资简易低风险工程审批服务流程优化的具体内容　　　　表4.2

序号	类别	具体内容	涉及部门
1	适用范围	社会投资简易低风险工程建设项目是指：私（民）营、外商和港澳台企业投资或投资占主导的，宗地内单体建筑面积不大于10000平方米、建筑高度不大于24米，年综合能耗1000吨标准煤以下，功能单一、技术要求简单的新建普通仓库和厂房，且不生产、储存、使用易燃、易爆、有毒、有害物品或危险品	市住房和城乡建设局
2		全面推行一站式免费帮办代办服务，市、区政务服务中心或政府指定机构对上述工程开展政务服务事项免费帮办代办业务，各项审批手续统一在"广州市工程建设项目联合审批平台"办理	市政务服务数据管理局
3		不再单独办理企业投资项目备案，由建设单位在申报工程规划许可证或施工许可证时录入相关信息，由市联审平台推送备案信息	市发展改革委、规划和自然资源局、住房和城乡建设局、政务服务数据管理局
4	优化措施	加强用地清单制成果运用，在用地清单中已明确相关指标要求或已开展区域评估，项目符合城乡规划或本市建筑用途管理相关规定的，无需开展交通影响评价、水影响评价、节能评价、地震安全性评价等评估评价工作	市规划和自然资源局、水务局、发展改革委、交通运输局、公安交警支队、地震局
5		项目建设审批"零成本"。工程建设项目涉及的岩土工程勘察、委托监理机构、规划设计方案技术审查、规划放线测量、施工图设计文件审查、规划条件核实测量、不动产测绘等相关事项费用，由政府部门委托符合资质要求的相关单位开展工作。其中，岩土工程勘察工作应在土地出让前由项目所在地的区级人民政府相关部门、特定地区管委会或土地收储部门委托勘察单位在10个自然日内完成	市住房和城乡建设局、规划和自然资源局、财政局，各区政府、管委会
6		免于办理设计方案审查，企业可直接申请办理建设工程规划许可证；免于核发污水排入排水管网许可证，由市联审平台推送施工许可信息至水务部门。简易低风险项目不纳入环境影响评价管理审批，无需办理环境影响评价审批和备案	市规划和自然资源局、水务局、生态环境局

序号	类别	具体内容	涉及部门
7		调整施工图审查模式。施工图设计文件审查与施工许可证审批同步开展，施工图审查意见不作为施工许可证核发的前置条件。建设单位不再单独委托审图机构进行施工图审查，在办理施工许可证时同步上传施工图设计文件，由住房和城乡建设部门通过政府购买服务委托第三方施工图审查机构进行审查	市住房和城乡建设局
8		建设工程规划许可证和建筑工程施工许可证并联办理，建设单位可提出并联审批申请，通过市联审平台同步推送至规划自然资源部门和住房和城乡建设部门，审批时限压缩至3个工作日，企业一次申报，同时获取建设工程规划许可证、建筑工程施工许可证、工程质量安全监督登记等审批证照。建设工程规划许可证和建筑工程施工许可证相关信息通过市联审平台共享交通运输、公安、水务、林业园林、城市管理等部门，公安部门同步开展门牌核准工作，在工程项目竣工验收时一并发放门牌号码，各相关部门依法严格落实事中事后服务和监管责任	市住房和城乡建设局、规划和自然资源局、公安局、政务服务数据管理局
9	优化措施	加快供水、排水、供电接入服务，建设单位在工程设计方案稳定后，在办理建设工程规划许可时，由市联审平台自动向水务部门或供水、排水、供电市政公用服务企业推送供水排水、供电接入申请信息，由供水、排水、供电等市政公用服务企业负责建设，规划红线范围外的管道敷设接驳费用由市、区财政支付，建设单位免于办理相应的行政许可手续	市水务局、供电局、政务服务数据管理局、财政局
10		市政公用服务企业办理以下范围内小型市政公用设施接入服务的，不需办理项目备案、规划、施工、占用挖掘道路、砍伐迁移树木等行政许可，施工方案稳定后推送交通运输、交警、水务、林业园林、城管等部门。达到接入条件后，市政公用服务企业应将相关信息推送交通运输部门，并负责按标准恢复道路。小型市政公用设施范围：1.供水：连接水管的直径不大于4厘米，距离现有水源和下水道接口不大于150米。2.排水：日排水量不大于50吨，连接水管的直径不大于50厘米。距离现有水源和下水道接口不大于150米。3.供电：电压等级在10千伏以下(不含10千伏)，报装容量不大于200千瓦，管线长度不大于200米	市发展改革委、规划和自然资源局、交通运输局、住房和城乡建设局、水务局、林业和园林局、城市管理综合执法局、公安交警支队

续表

序号	类别	具体内容	涉及部门
11	优化措施	优化质量安全监管模式。施工图审查机构审查发现施工图设计文件存在问题的，应当将审查意见在线推送至建设单位和质量安全监督机构。建设单位应当根据审查意见组织修改施工图设计文件，质量安全监督机构应当在首次现场监督检查或者后续监督检查时一并检查审查意见落实情况。强化参建单位内部风险管控，根据不同风险类别设立不同频次和等级的检查要求，建立质量安全监督机构基于工程风险实施差别化监管。针对社会投资简易低风险工程建设项目，质量安全监督机构在项目建设至主体结构封顶后、装饰装修施工前实行一次定期监督检查，重点检查参建单位开展质量安全风险技术检查的情况、施工图设计文件审查意见修改情况等，检查结果计入各参建单位和相关人员的信用信息档案	市住房和城乡建设局
12		严格落实联合验收制度。住房和城乡建设、规划自然资源部门的政府验收和五方责任主体竣工验收（建设、勘察、设计、施工、监理单位）在联合验收中一次性完成，时间压缩至5个工作日。联合验收通过后，同步发放工程竣工验收备案文件和门牌号码。住房和城乡建设部门应将联合验收结果实时推送不动产登记中心	市住房和城乡建设局、规划和自然资源局、水务局
13		在项目联合验收合格后，申办房屋所有权的首次登记，其申办过程实行全流程一站式网上办理，由政府购买服务委托第三方机构开展不动产测量，无需企业提供，免收不动产登记费，办理期限1个工作日办结	市规划和自然资源局、市发展改革委、市财政局
14		开展工程质量潜在缺陷责任保险试点工作，建设单位可通过购买工程质量潜在缺陷责任保险（或类似保险产品）的方式，防范和化解工程质量风险，保证工程质量，保障工程所有人权益	市住房和城乡建设局、市地方金融监督管理局

1. 行政审批和技术审查相对分离

在不突破法律、法规、规章明确的基建审批程序前后关系的前提下，按照"流程优化、高效服务"的原则，采取行政审批和技术审查相对分离的运行模式，后续审批部门提前介入进行技术审查，待前置审批手续办结后即予批复。

对于技术方案已稳定，但正在办理选址意见书或用地预审意见的项目，依据工程方案通过联合评审的相关书面文件，建设单位可先行推进可行性研究报告、初步设计（概算）等技术评审工作，在取得用地预审意见后，再正式办理相关批复。

2.明晰审批权责

政府部门建立技术审查清单，只对清单内的技术审查结果进行符合性审查，不再介入技术审查工作。建设单位承担技术审查工作的主体责任，具体工作可以依托技术专家、技术评审机构，涉及质量、安全、造价的技术审查工作应做深做细。建立建设单位法人负责制和工程师签名责任制，落实建设单位主体责任。

3.优化审批阶段

按工程类别将政府投资工程建设项目划分为房屋建筑类、线性工程类和小型项目。审批流程主要划分为立项用地规划许可、施工许可、竣工验收3个阶段。其中，立项用地规划许可阶段主要包括可行性研究报告、选址意见书、用地预审、用地规划许可、设计方案审查（房屋建筑类）、建设工程规划许可核发等。施工许可阶段主要包括施工许可证核发等。竣工验收阶段包括质量竣工验收监督、规划、消防、人防等专项验收及竣工验收备案等。其他行政许可、涉及安全的强制性评估、中介服务、市政公用服务以及备案等事项纳入相关阶段办理或与相关阶段并行推进。

4.完善审批机制

每个审批阶段均实施"一家牵头、一口受理、并联审批、限时办结"的工作机制，牵头部门制定统一的审批阶段办事指南及申报表单，并组织协调相关部门按要求完成审批。立项用地规划许可阶段的牵头部门为市规划和自然资源局，施工许可阶段及竣工验收阶段实行行业主管部门负责制，按行业分类，分别由建设、水务、交通、林业园林等行业主管部门负责。

5.再造审批流程

以"行政审批为纲、技术审查为目"。通过合并报批项目建议书和可行性研究报告，合并办理规划选址和用地预审，取消预算财政评审，合并办理质量安全监督登记和施工许可，实行区域评估、联合审图、联合验收等措施。将目前从立项到竣工验收的28个主要审批事项精简、整合为15个主要审批事项，并按审批主线、审批辅线和技术审查主线同步推进。

审批主线由项目选址和用地预审（8个工作日）、项目建议书/可行性研究报告（5个工作日）、初步设计（概算）（5个工作日）和施工许可（5个工作日）及联合验收（包括规划条件核实、消防验收等，12个工作日）等主要审批事项组成，共需耗时35个工作日。

审批辅线由建设用地规划许可证、设计方案审查（房屋建筑类项目）、建设工程规划许可证等审批事项组成。相关审批事项与审批主线事项和技术审查事项并行推进或纳入相关阶段办理，不另行计时。

技术审查主线由联合评审方案（10个工作日）、初步设计技术评审（5个工作日）、概算审查（40个工作日）组成，共耗时55个工作日。技术审查工作分阶段穿插推进。稳定的技术审查成果，作为审批工作的技术支撑。

4.3.2 数据多跑腿、企业少跑动

社会投资类工程建设项目审批实施网上申报和审批，系统使用流程由广东省政务服务网统一门户申办操作。其网站入口为广东省政务服务网（http://www.gdzwfw.gov.cn/）——广州市——工程建设联合审批。具体请见图4.8（a）～图4.8（c）。

（a）选择区域和部门

（b）选择市级

（c）工程建设联合审批入口

图4.8　社会投资类工程建设项目审批网上申办流程

图4.9　选择首页

1.零跑动申办操作步骤

（1）申办操作——项目类型选择

请选择申办操作类型（如选社会投资类项目申报，见图4.9），界面上出现申办环节选项（见图4.10）。

图4.10 选择项目类别

（2）申办操作——阶段选择

申办环节操作见图4.11，如施工许可等。

图4.11 选择项目阶段

（3）申办操作——联办事项选择

社会投资类工程建设项目审批，如属于联合审批事项，请根据市级或区级事项，选择对应的菜单（见图4.12）。

图4.12 选择事项和情形

（4）申办操作——统一身份认证登录

使用广东省统一身份认证平台——企业账号进行登录，若没有企业账号，请点击下方"立即注册"进行注册（见图4.13）。

（5）申办操作——项目代码核验

登录系统后，需要输入基本信息，如项目名称、项目代码等，见图4.14和图4.15。

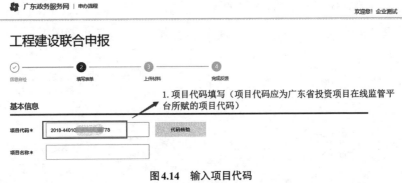

广东省统一身份认证平台登录

请输入账号

请输入密码

请输入验证码

☐ 一周内记住账号　　　　　　　　　　　　找回密码 找回账号

登 录

用户帮助　｜　咨询电话：12345　　　　　　没有账户？ 立即注册

微警刷脸登录｜粤省事刷脸登录｜政务服务APP登录｜数字证书登录

登录后将授予以下权限：

☑ 获得您的用户名称、证件号码　☑ 获得您的邮箱、电话号码及其他信息　☐ 获得绑定的经办人信息

登录后表明您已同意 登录服务协议

图4.13　登录系统

⛭ 广东政务服务网 ｜ 申办流程　　　　　　　　　　　　　　　　　　　欢迎您！企业测试

工程建设联合申报

① 信息自检 —— ② 填写表单 —— ③ 上传材料 —— ④ 完成反馈

1. 项目代码填写（项目代码应为广东省投资项目在线监管平
台所赋的项目代码）

基本信息

项目代码＊　[2018-44010 ⬛⬛⬛⬛ 778]　　[代码核验]

项目名称＊　[　　　　　　　　]

图4.14　输入项目代码

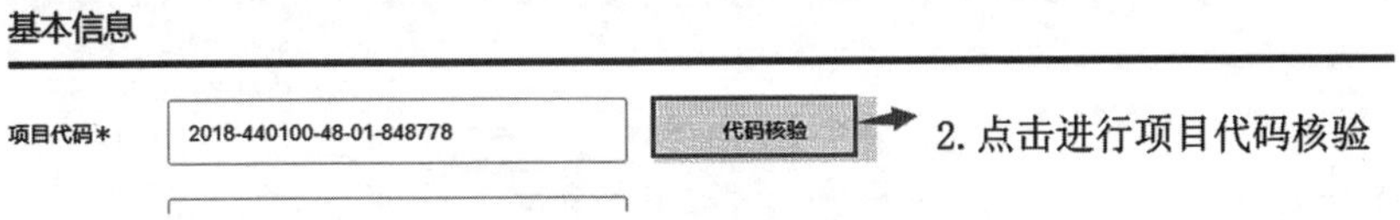

基本信息

项目代码＊　[2018-440100-48-01-848778]　　[代码核验] ← 2. 点击进行项目代码核验

图4.15　核验项目代码

（6）申办操作——完善申办单位信息

社会投资类工程建设项目联合申报办理审批手续，需要完善申办单位
信息。图4.16列出了完善申办页面的申请单位及申请人信息截图。

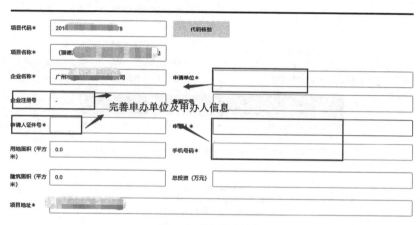

图4.16 输入基本信息

（7）申办操作——阶段"一张表"填写

图4.17（a）～图4.17（c）展示了申办操作"一张表"的截图。

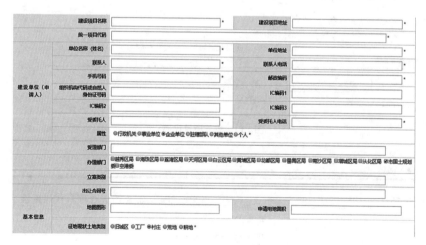

（a）输入表单信息截图一

图4.17 申办操作"一张表"截图（1）

（b）输入表单信息截图二

（c）输入表单信息截图三

图4.17　申办操作"一张表"截图（2）

（8）申办操作——电子材料附件上传

基本项目收录完毕后，就可以上传相关电子材料的附件了。只需要根据提示上传电子材料的种类作为附件即可。图4.18、图4.19列出了相关附件的上传截图。图4.20显示了上传成功的截图。

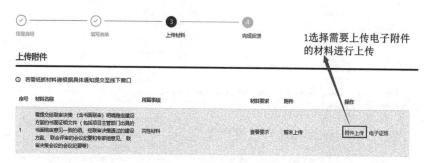

图4.18 选择材料

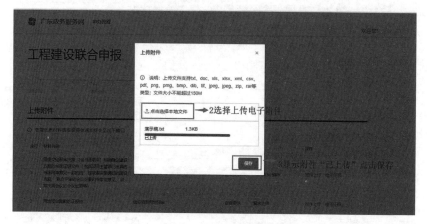

图4.19 上传材料附件

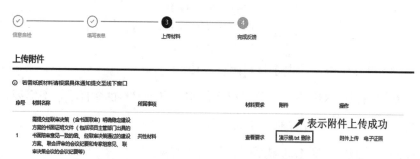

图4.20 显示材料附件

（9）申办操作——申办提交

申办成功后请保管好申办流水号，下一步直接到对应政务服务大厅窗口递交纸质材料。图4.21显示了网上申办已成功提交的信息。

图4.21　提交申请

实际上，社会投资类工程建设项目，其网上申办系统除了网上申办外，还包括了联合受理、统计分析、业务撤回、网上督办、受理查询等诸多功能。由于篇幅关系，本章已省略掉相关内容的介绍。

2.零跑动的办理流程

办理流程分申报、受理、审批、送达及批后公布五个阶段。

（1）申报：申报企业按照办事指南准备相关申报材料，登录广东省政务服务网（http：//www.gdzwfw.gov.cn/），进入广州市工程建设项目联合审批平台，选择"中小型建设项目"或"带方案出让用地的产业区块范围内工业项目"类型，点击"工程规划许可证和施工许可证并联审批"，按照系统设置填写申请信息及上传材料后提交，无需到政务服务中心提交纸质材料。

（2）受理：审批部门对申报材料是否齐备、形式是否符合要求进行审核，符合条件的予以受理。

（3）审批：审批部门审查申报材料是否符合法律法规、政策文件以及标准规范的要求，依法作出审批决定。

（4）送达：申报单位可自行登录申报系统（http：//online.gzcc.gov.cn/goweb/?sx=sgxk），查询下载审批结果，纸质版审批结果文书由各区住房和城乡建设部门统一发放。

（5）批后公布：申请人接到通知后领取公布牌并按要求进行公布。

3. 零跑动的改革效果

（1）搭建"一个系统"，提供线上线下一体化服务

为支撑和推进广州市工程建设项目审批制度改革，市政务服务数据管理局按照国家工程建设项目审批制度改革要求，高效建设"横向到边、纵向到底、全流程、全覆盖"的工程建设项目联合审批平台，实现广州市工程建设项目联合审批一个系统、一个入口、一套流程，全力支撑工程建设项目审批制度改革落地。平台自上线以来，已支撑覆盖全市共13类项目审批流程，实现11个相关市直审批部门及水电气等市政公用服务单位共121个审批事项、11个区和市空港经济区共1036个审批事项通过平台联合审批。

（2）打造全流程全覆盖平台，推进实现联合审批体外无循环

一是覆盖全流程。按照"一个系统、统一管理"要求，平台整合了申办、受理、审批、技术审查和监管等各环节业务系统，打造从项目策划、用地规划、工程施工、竣工验收、公用事业接入等覆盖工程建设全流程的办事服务平台。二是覆盖全部门。覆盖市规划和自然资源、发展改革、住房和城乡建设、交通运输、水务、园林等13个相关审批部门及水电气等市政公用服务单位。三是覆盖全层级。平台实现国家、省、市、区、街镇五级贯通，全市11个行政区和空港经济区均使用一个平台。通过覆盖全流程、全部门和全层级的平台运行，倒逼所有审批机构、审批事项、审批

流程必须在信息平台开展，实现工程建设联合审批体外无循环，支撑项目审批全流程监督和管理。

（3）提供"一站式"服务，推行免费帮办代办

为提升工程建设项目政务服务水平和审批效率，深化推进工程建设项目免费帮办代办服务，市政务服务数据管理局建立政务服务首席服务制度，设置首席服务专员，在审批部门和企业之间架起沟通桥梁，为企业项目从代码申请、立项到竣工验收和公共服务接入提供精细周到的咨询、指导、协调、帮办代办等服务。同时多方听取企业意见建议，着力查找企业报建过程中遇到的"堵点""痛点"问题，为深化改革提供参考依据，切实解决企业遇到的难题，增强企业改革获得感，不断优化广州营商环境。

4.4　工程建设项目审批分类改革的成效

广州市工程建设领域审批改革效果显著，在以下诸多方面显现了改革成效。

4.4.1　深化完善了审批体系

1.提高"一张蓝图"统筹效能

工程建设审批改革措施深化完善了工程建设项目策划生成机制，提升了"多规合一"平台功能，逐步增加了专项规划和图层数量，推动了"多规合一"平台在市、区、镇（街）各层级的应用。广州市将城乡规划、土地利用规划、教育、医疗、环境保护、文物保护、林地与耕地保护、人防工程、综合交通、水资源、供电、供气、社区配套等规划整合，推动建立社区配套服务设施综合体，减少规划冲突，提升行政协同效能，加快项目前期策划生成。

2.完善了"一个系统"审批协同机制

在系统上实现对全市各相关审批部门案件办理时长的预警提醒，并将逾期案件按月向全市通报。市、区各相关审批部门配合做好市联审平台的业务应用、系统对接、信息共享、数据保障等工作，确保上传市联审平台信息数据真实、准确、完整。

加强了与广东省政务服务网、政务服务事项目录管理系统的沟通对接，充分发挥广州市先行先试优势，为全省工程建设项目审批制度改革工作提供可复制的经验。

3.提升了工程建设审批"一个窗口"的服务水平

广州市持续推进工程建设项目审批标准化、规范化管理，全面落实集成服务模式。除涉密工程等特殊案件外，市、区各相关审批部门必须通过统一政务服务窗口、系统受理案件。优化了政务服务窗口与各审批部门之间的案件流转程序，提高审批效率，逐步实现了工程建设项目审批事项全城通办。推行工程建设项目政务服务事项免费帮办代办服务，将市、区政务服务窗口打造成改革宣传阵地，为申请人提供工程建设项目审批咨询、指导、协调、帮办代办服务，帮助企业了解审批要求，提高了审批通过率。

4.4.2 创新和深化改革举措，巩固了优化措施

（1）完善了精简审批事项。在落实原事项精简措施的基础上，进一步精简审批事项，取消建筑施工噪声排污许可证核发、迁移损坏水利设施审批、白蚁防治工程验收备案、招标文件事前备案；优化审批程序，明确取水许可审批于开工前完成，涉及占用、迁改道路、公路、绿地等的工程项目，在工程设计稳定后即可申请办理相关审批手续。

（2）巩固了下放职权事项。在落实原市级部分职权事项下放各区的工

作基础上，进一步将古典名园恢复、保护规划和工程设计审批，占用城市绿地审批（7000平方米以上），砍伐、迁移城市树木（20株以上），迁移修剪古树后续资源、修剪古树名木等审批职权事项按程序下放各区。

（3）完善了合并审批事项。公开出让用地的建设项目可合并办理用地规划许可证、土地出让合同变更协议（成立项目公司更名）等手续；其中，已缴齐首次出让合同土地出让金的，可合并办理用地规划许可证、用地批准书、土地出让合同变更协议（成立项目公司更名）、国有土地不动产权证。推行中小型工程建设项目工程建设许可和施工许可两阶段合并，两阶段中审批事项可并联办理。竣工联合验收和竣工验收备案可合并办理，竣工联合验收通过后同步出具竣工备案意见。

（4）切实转变了管理方式。探索取消政府投资类的房屋建筑工程、市政基础设施工程的施工图设计文件审查，强化建设单位主体责任，建设单位可根据项目实际情况，自行决定是否委托第三方开展施工图设计文件审查，建设单位出具承诺函、提交具备资质设计单位及注册设计人员签章的施工图，可以申请施工许可核准。政府投资类的大型房屋建筑工程和大中型市政基础设施工程，初步设计（含概算）由行业主管部门负责审查并批复；政府投资类的中小型房屋建筑工程和小型市政基础设施工程，由建设单位组织初步设计审查并出具技术审查意见，无须报行业主管部门批复；其中，造价2亿元以上的中小型房屋建筑工程和小型市政基础设施工程的初步设计概算由行业主管部门负责审查，造价低于2亿元的中小型房屋建筑工程和小型市政基础设施工程，初步设计概算由建设单位从行业主管部门建立的咨询单位库中摇珠选取概算审核咨询单位审查，审查结果报行业主管部门或行业主管部门委托的造价管理部门备案。强化建设单位技术和造价审查的主体责任，强化行业主管部门事中事后监管责任。工程投资估算不超过3000万元（含3000万元）的政府投资类项目，不涉及新增用地、规划调整的，经项目主管部门确定，可不采用联合评审、联审决策方式确定建设方案。

优化社会投资类的生产建设项目水土保持方案审批程序，水土保持方案技术审查改由企业自主把关或委托中介服务机构按规范设计论证，水务部门进行程序性审查，3个工作日内予以办结。进一步完善取水许可、公共排水设施设计方案审批事项的技术审查标准及要求，优化技术审查流程。

（5）巩固了调整审批范围。将可不办理施工许可证的房屋建筑工程和市政基础设施工程限额调整为工程投资额100万元以下（含100万元）或者建筑面积500平方米以下（含500平方米）。建立网格化管理体系，完善限额以下小型工程监督管理机制，实施开工建设信息录入管理制度。

4.4.3 其他方面的改革成效

1.着力强化了技术服务监管

通过加强对政府部门组织、委托或政府购买服务开展的技术审查事项的监督管理，明确了技术审查事项、依据、程序、时限，将技术审查过程信息纳入全市统一的工程建设项目联合审批系统进行监管。各行业主管部门进一步规范指导建设单位自行组织、委托第三方机构开展的中介服务行为，加强对中介服务机构的行业监管。

2.巩固落实了"四统一"要求

按照统一审批流程，统一信息数据平台，统一审批管理体系，统一监管方式的"四统一"要求，重点检查各项改革措施落地执行情况。

按照国家标准、相关法律法规及我市工作实际，对工程建设项目审批事项清单进行动态管理，将政府投资项目划分为立项用地规划许可、工程建设许可、施工许可、竣工验收等四个阶段，持续推进全流程网上办理。

市相关行业主管部门设立的审批事项，原则上需与国家、省级事项一致，根据我市地方立法权限设置的特有审批事项，应报省级对应行业主管部门备案。

建立常态化审批改革工作督导机制。按"四统一"要求，督导检查市、区审批事项标准化和联审平台数据上传情况，对执行不力的部门进行通报。统一市、区审批事项名称、办理条件和审批时限，原则上同一事项区级办事指南与市级办事指南一致。因优化改革、先行先试等确需调整的，由区级部门提出申请，报市级对应行业主管部门和政务服务管理部门审核后组织实施。

3.推进实现"一套图纸"贯穿全流程

试行建立覆盖房屋建筑工程项目全流程图纸资料信息共享互通系统。规划设计方案、施工图设计文件、规划条件核实的房屋建筑工程项目全流程图纸资料经建设单位确认后上传系统。工程建设过程中规划设计方案或施工图设计文件发生变更的，建设单位需补充上传图纸变更文件，发生重大变更的图纸文件需经专家审查同意后重新上传，形成"一套图纸"。图纸资料内部共享供规划监管、消防设计、施工质量安全监督、联合测绘、竣工联合验收、产权登记和城建档案归档等审批环节使用，减少建设单位重复提交图纸。

4.不断推动精简施工许可办理手续

结合国家改革要求，修订完善我市重点项目绿色通道有关管理办法，明确纳入绿色通道管理的工程，在用地、规划、设计方案稳定后，可先行办理相关手续；深化施工许可告知承诺制，由建设单位出具承诺函和施工方案（加盖注册建造师签章），确保施工质量安全后，可办理施工许可手续。

5. 提升企业获得用水、用电、用气便利度

各相关行业主管部门加强了对公共服务企业的监督管理，公共服务企业精简水、电、气报装流程，实施分类管理。优化水、电、气等公共设施建设审批流程，推行"一窗式"审批服务，实行"信任审批、全程管控"，将水、电、气接入外线工程的行政审批总时间分别压缩至5个工作日内。

4.5 改革案例及社会反馈

4.5.1 案例1："多规合一"一张图提升效率

1.案例背景与介绍

针对规划打架、规划落地难等问题，广州市以总规为基础，加强规划衔接和空间统筹，推动涉及空间的专项规划在控规层面协调"合一"，实现从规划布点到规划落地，构建应用于日常城市规划建设管理的"一张图"。工作方法上，以总体规划为基础，以控制性详细规划为法定载体，以近期重点建设项目或管控底线为抓手，形成一套专项规划空间协调机制：一是制定技术标准和工作底板，二是"多规"差异分析和矛盾核查，三是规划协调与整合，四是梳理形成重点项目库，五是推进项目落地实施。

为建立"多规合一"长效机制，2018年底市规划和自然资源局和市发展改革委、市政务服务数据管理局联合制定并印发实施《广州市"多规合一"管理办法》(穗政务办〔2018〕191号)，规范全市空间性规划（含专项规划）编制和实施。

（1）在《广州市城市消防规划（2011—2020）》基础上，将"十三五"期间专项规划近期重点项目从布点转化为控规层面的项目红线。

（2）将消防专项近期项目与城总规、土总规、控规进行比对核查，在此基础上协调空间关系，形成消防专项规划2020年建设项目用地图。

（3）在经过空间协调的消防专项规划2020年建设项目用地图基础上，推进项目审批和落地实施，形成多规合一的统一图。

2.案例亮点

目前"多规合一"一张图叠加了涉及环保、工业和信息化、文化、教育、体育、卫生计生、林业园林、水务、交通、供电、消防、城市管理、民政、司法等20余个专项部门的30余项民生设施专项规划。"多规合一"一张图依托多规合一管理平台共享给全市500多家市、区、镇（街）三级政府部门和企事业单位，实现信息共享、业务共商、平台共用，支撑了空间规划统筹和实施，全面提高审批效率。

（1）统筹规划空间，减少规划冲突

"多规合一"一张图的形成，统筹协调了各类规划空间，便于查阅相关规划的信息，辅助规划选址等工作，避免了规划之间的打架问题。

（2）打破信息壁垒，实现数据共享

"多规合一"一张图纳入"多规合一"管理平台，市区政府部门共享，打破了政府部门之间的数据资料壁垒，规划、审批数据共享，为实现"多规"统一、高效的管理提供信息技术支撑。

（3）支撑策划生成，助推项目实施。"多规合一"一张图通过"多规合一"管理平台，应用到年度市政府投资项目策划生成工作，为项目实施提供支撑。

4.5.2 案例2：规划许可证与人防证并联办理——4个工作日内完成

1.案例简述

广州兰城房地产有限公司住宅（自编号1座、2座、3座、5座、6座）及地下室，位于广州市花都区凤凰南路以西、花都湖以南，业主单位为广州兰城房地产有限公司。主要的办理措施有：

（1）压减环节：建设工程规划许可、人防工程许可并联审批，同步进行，申请人由立案两次、递交两套申报材料压减为只需一次立案，递交一套申报材料，并联审批部门通过市联合审批系统调阅申报材料。

（2）缩减时间：按规定，社会投资类项目审批时间由8个工作日缩减到4个工作日。广州兰城房地产有限公司于2020年7月10日提交申请，7月10日正式受理，7月15日完成审批，实际审批历时仅3个工作日。

2.案例亮点

建设工程规划许可与人防工作许可并联审批，同步进行。同时，精简申报材料，压缩办理时限，审批时间由8个工作日压缩为4个工作日，减轻企业负担。据该项目开发企业负责人反馈：原先他们建设单位需在取得人防许可批复文件后，再办理建设工程规划许可。实行并联审批后，整体办理时限由原来的8个工作日缩短为4个工作日，时间压缩了50%。他们只需一次立案，递交一套申报材料，并联审批部门直接通过调阅市联合审批系统申报材料进行审批。这样速度快、效率高、服务好。"对于我们这些开发企业来说无疑是一件减负的大好事，我们是非常欢迎和认同的。"

4.5.3 案例3：免于办理建筑许可的经典案例——取消建筑初步设计方案审查

1.案例简述

广州傲投昌世贸易公司厂区工程设计项目，业主单位为广州傲投昌世贸易公司，位于广东省广州市从化良口镇新城路56号。根据《广州市规划和自然资源局关于建设工程规划许可阶段审批制度改革工作措施的更正通知》（穗规划资源建字〔2019〕198号）的要求，改革的主要措施有：

（1）压减环节：新建建筑工程社会投资类中小型项目免于单独批复设计方案，直接办理建设工程规划许可证；规划明确的产业区块范围内带方案出让的工业项目，取消设计方案审查环节，可直接申领建设工程规划许可证。

（2）缩减时间：审批时间由一般项目的14个工作日缩减到4个工作日。

（3）减免成本：缩减了方案审查环节单独批复所需的建筑设计方案技术审查报告。

广州傲投昌世贸易公司厂区工程设计项目成为申请免于设计方案审查环节，直接申领建设工程规划许可证的项目。企业于2020年8月4日提交申请，8月5日正式受理，8月10日完成审批，企业已可获得《建设工程规划许可证》，实际审批历时仅4个工作日。

2.案例亮点

据企业负责人反馈："在政策出台之前，一个建筑从申请方案审查到拿到建设工程规划许可证，最少要4个月。这次，4天就做完了，从未感到这么高的效率。大大减轻了企业负担，切实享受到了改革带来的红利。"

（1）将建设工程分类为政府投资类，社会投资类一般项目、中小型项目、带方案出让用地的产业区块范围内工业项目、不带方案出让用地的产业区块范围内工业项目。对建设工程规划许可环节实行分类审批、优化流程，相应制定统一的办事指南及申报表单。

（2）社会投资类中小型项目、带方案出让用地的产业区块范围内工业项目免于设计方案审查，可直接申领建设工程规划许可证。审批时间由14个工作日压缩为4个工作日，减轻企业负担。

第5章　建设工程融合联审改革

5.1 联审决策

5.1.1 联审决策的内涵及背景

联审决策是指工程建设决策阶段将用地、规划、建设等多个阶段的决策与审批贯通联合成一个环节，且决策结论作为各阶段工作的依据。

2018年，《广州市工程建设项目审批制度改革试点实施方案》根据国务院33号文改革精神，结合广州市实际，提出了政府投资项目"联审决策"、社会投资项目"土地资源和技术管理事项的用地清单制""区域评估十承诺制""施工图联合审查""联合测绘""联合验收"等工程项目管理模型。通过三年实践，部门协同业务系统不断升级完善，协同效率大幅提升，企业满意度不断攀升。政企互动常态化，以实践推动工程审批与事中事后监管制度不断改进，趋于合理。

5.1.2 广州市首创联审决策

广州首创联审决策，助力审批改革提速。2018年，根据《广州市工程建设项目审批制度改革试点实施方案》，市住房和城乡建设局制定了《广州市政府投资工程建设项目建设方案联审决策实施细则》，经市政府常务会议审议通过，于2018年9月28日印发实施，并同步开发联审决策系统平台。

广州市组建了联审决策委员会、住房和城乡建设、交通运输、水务、园林专业委员会。建设方案联审决策机制是落实国家和省、市关于全面深化改革、推进工程建设项目行政审批改革试点工作的重大举措，也是广州独具特色的改革措施。

5.1.3 联审决策无缝对接

联审决策委员会无缝对接市规委会议事平台，提高决策效率，为后续规划选址、用地预审、用地规划许可、可研"并联审批"提供了基础条件，实现审批提速。

明确"联审决策"的成果作为后续"并联审批"的参考依据。联审决策意见及其稳定的建设方案，可直接作为后续审批手续的参考依据。发展改革、国土规划部门在办理规划选址、用地预审、可研批复、规划用地许可、规划工程许可等手续时，不再开展类似的技术审查，可大大压缩审批时间，真正实现"并联审批"，打造从项目建议书到初步设计的"快速通道"。

5.1.4 并联式审查

改革的最大亮点是再造技术审查流程，将"串联式"审查改为"并联式"审查，压缩了审查时间，提高了审查质量。

联审决策改革积极贯彻落实国务院关于深化"放管服"改革和优化营商环境的部署要求，按照"行政审批与技术审查相分离"要求，对技术审查流程进行靶向再造：

一是前期阶段建设方案做深做细，为稳定方案创造条件。对于纳入年度政府投资计划，或经市政府审定的专项规划、近期实施计划、行动计划以及市政府常务会议纪要等文件的项目，视作项目建议书已批复。上述立项依据文件可作为先行开展勘察设计招标、规划符合性审查、控规调整等工作的依据，建设单位据此开展方案设计，部分重要节点达到初步设计深度，并组织编制征拆摸查报告和控规调整（修正）方案，为协调稳定建设方案提供有利条件。

二是将原来"串联式技术审查"改为"并联式技术审查"，并通过部门协同消化矛盾，稳定方案。即把在项目建议书、可行性研究报告、规划设计方案、建筑方案、初步设计等多个阶段的技术审查合并为一个阶段的技术审查工作，通过联审决策委员会这个议事平台和"多规合一"管理平台，各审批部门和相关单位同时对建设方案提出审查意见，一次性充分暴露矛盾和问题，并按照"谁提出、谁负责"的方式，由提出意见单位指导建设单位完善方案，并通过会议协调消化矛盾。最终以部门委员和专家委员参与会议联审决策的形式，稳定建设方案。这种"并联式"的技术审查方式突出了集中审查的优势，改变了过去多个审批部门各自为政进行技术审查、部分部门意见相互矛盾难以协调一致的局面，极大地压缩了技术审查的时间，且提高了技术审查的质量。

5.2 并联审批

5.2.1 并联审批的内涵及改革背景

2014年，市政务办牵头编制出台《广州市建设工程项目联合审批办事指引》，该指引涵盖了建设工程项目审批流程共153项事项，根据项目的类型和规模，从立项到施工约需要150至200个工作日。并联审批改革后，广州市建设工程项目整个审批过程约为200至230个工作日，较此前"万里长征图"中计算的799个工作日，节约70%左右的时间。

2018年，为贯彻落实《国务院办公厅关于开展工程建设项目审批制度改革试点的通知》(国办发〔2018〕33号)及《广州市工程建设项目审批制度改革试点实施方案》(穗府〔2018〕12号)要求，市住房和城乡建设局、市公安消防局、市民防办联合印发了《广州市房屋建筑和市政工程施工图设计文件联合审查工作指引》，全面推进施工图联合审查工作。

5.2.2 联合审批平台

广州市通过设立和完善联合审批平台，进一步完善市工程建设项目联合审批系统业务协同、并联审批、统计分析、监督管理等功能，将系统打造成横向连通各审批部门，纵向连通国家、省、市、区各层级工程建设项目审批系统的枢纽节点。用户可以通过广东省政务服务网(http://www.gdzwfw.gov.cn/)，进入广州市工程建设项目联合审批平台。

联合审批平台覆盖市规划和自然资源、发展改革、住房和城乡建设、交通运输、水务、园林等13个相关审批部门及水电气等市政公用服务单位。平台实现国家、省、市、区、街镇五级贯通，全市11个行政区和空港经济区均使用一个平台。通过覆盖全流程、全部门和全层级的平台运行，倒逼所有审批机构、审批事项、审批流程必须在信息平台开展，实现工程建设并联审批体外无循环，支撑项目审批全流程监督和管理。

该系统还可以实现审批部门意见征询、工程建设项目全流程审批信息回溯查询以及预警监督功能。

5.2.3 施工图并联审批

《广州市房屋建筑和市政工程施工图设计文件联合审查工作指引》明确了联合审查适用范围、审查机构综合技术审查能力、审查标准、审查时限等要求。同时为了保障工程建设质量，指引要求市住房和城乡建设、消防、民防等主管部门按照各自职责，加强对施工图联合审查机构的业务指导和技术培训，切实加强事中事后监管。

为落实施工图联合审查工作，广州市相继印发了《广州市防空地下室施工图审查技术指引》等相关技术审查要点，并组织全市施工图审查机构、设计单位开展消防、人防审查业务专项培训。各审查机构也积极开展消防、人防联合审查，中大南体育馆等多个项目在市住房和城乡建设局指导下开展联合审查工作。图5.1展示了联合审图相关内容的二维码，行业内人士可以扫描二维码了解更多的联合审图内容。

图5.1　联合审图

5.2.4　工程综合审批及水电气并联审批

1.工程建设综合审批

广州市工程建设项目联合审批平台设置了"工程建设综合窗口"。依托"市工程建设项目联合审批平台"，真正做到了纵向到区、全程网办。企业通过联合审批平台发起申请，上传一套电子材料后，系统自动分发至各部门，办结后结果文书直接在系统中下载打印，实现办事企业在审核全过程的"零跑动"。

2.水电气并联审批

广州市工程建设项目联合审批平台也设置了"电水气综合受理窗口"，将工程报建行政审批事项和水、电、气、通信、有线广播电视报装服务等市政公用服务事项纳入窗口管理，形成了闭环管理模式。截至2022年2月20日，市联审平台上运行项目30730个，开展审批业务99078宗，办理市政公用业务743宗，电水气外线工程业务1706宗。

缩减时间：按规定，社会投资类项目审批时间由8个工作日缩减到4个工作日。广州兰城房地产有限公司于2020年7月10日提交申请，7月10日正式受理，7月15日完成审批，实际审批历时仅3个工作日。

5.2.5 推进工程建设项目审批事项合并办理、并联审批

根据国家、省、市工程建设项目审批制度改革关于精简审批环节、合并审批事项的有关要求，推进工程建设项目审批事项合并办理、并联审批：

（1）建设项目用地预审与选址意见书和政府投资项目审批并联审批。适用范围：全市适用市级和区级财政资金的房屋建筑和城市基础设施等工程，已经通过联审决策审定建设方案的项目；审批时限：13个工作日。

（2）建设用地规划许可证和土地出让合同变更协议合并办理（公开出让成立项目公司）。适用范围：以公开出让方式使用政府储备用地，已签订土地出让合同且已成立项目公司的，土地出让合同变更协议（限于成立项目公司而变更用地单位情形）、建设用地规划许可证可合并办理；审批时限：3个工作日。

（3）建设用地规划许可证和国有建设用地使用权不动产权证书合并办理（公开出让不成立项目公司）。适用范围：以公开出让方式使用政府储备用地，已缴清国有建设用地使用权出让价款和契税等相关税费；审批时限：5个工作日。

（4）建设工程规划许可与人防工程行政许可并联审批。适用范围：全市新建的政府投资类和社会投资类房屋建筑项目（无需人防工程审批的项目除外）；审批时限：社会投资类4个工作日、政府投资类8个工作日。

（5）建设工程规划许可证和施工许可证并联审批。适用范围：建筑面积10000平方米以下的社会投资工业房屋建筑项目，带方案出让用地的产业区块范围内工业房屋建筑项目，简易低风险项目；审批时限：简易低风险项目5个工作日，其他7个工作日。

（6）水电气外线工程建设项目并联审批。适用范围：20kV及以下电力外线工程、新建、扩建获得用水接入工程、中低压天然气外线工程，实行建设工程规划类许可证核发（市政类）、占道施工交通组织方案审核、占用、挖掘城市道路审批等13个事项并联审批；审批时限：5个工作日。

（7）建设用地规划许可证和建设工程规划许可证合并办理。适用范围：新供应国有建设用地，带方案出让的产业区块项目；审批时限：3个工作日。

（8）建设用地规划许可证、人防工程报建、建设工程规划许可证、建筑工程施工许可证并联审批（2022年9月1日起实施）。适用范围："带方案"出让的产业区块范围内的工业项目；审批时限：6个工作日。

（9）建设用地规划许可证、人防工程报建、建设工程规划许可证、建筑工程施工许可证和国有建设用地使用权首次登记并联审批（2022年9月1日起实施）。适用范围；"带方案"出让的产业区块范围内的工业项目；审批时限：6个工作日。

5.3 融合监管

5.3.1 融合监管的概念及内涵

所谓融合监管，就是深度融合工程质量安全、消防、人防监管职能，改变以往多头监管的局面，形成"一站式"监管。2020年8月3日，广州市为规范建筑工程质量、安全、消防、人防业务融合统一监管工作，正式印发了《建筑工程质量、安全、消防、人防业务融合统一监管工作方案》，在全国首推"一家监督站"，即对工程建设全过程实施建筑、消防、人防融合监管，消除多年来消防、人防与建筑由于管理部门、法律法规、技术标准相对分离而造成制度和技术障碍，扭转企业面对"多头"监管的局面。

5.3.2 融合监管的优化改革举措

1.改革措施

广州市严格落实国务院、住房和城乡建设部工程建设项目审批制度改革关于竣工联合验收的要求，坚持开拓创新，统筹考虑房屋建筑工程质量监管与消防、人防监管的关系，2020年起，建立施工过程"一站式质量融合监管"制度，保障"一站式联合验收"顺利实施。

"施工过程质量融合监管制度"回归了关注建筑本体质量的本质，打破了原来的施工过程消防不监管、人防工程与建筑质量重复监督的模式，把质量隐患问题及时消灭在建设过程中，加强了建筑质量管控的同时，有效解决了工程竣工验收阶段各专业部门相互之间协调性不足，出现企业多次整改、反复整改的问题，直接提升了工程竣工联合验收的一次性通过率。

2.改革亮点

一是构建"一站式质量融合监管"机制，全方位保质量。早在2017年，广州市将气象防雷检测与专项验收纳入工程整体的建筑电气分部中完成，由一家质量监督机构开展监督，取得了成功的融合实践经验。2018年国家机构改革调整将消防、人防事项划入住房和城乡建设部门管理，广州以此为契机，综合统筹建筑本体与消防、人防专业的关系，为保障后续联合验收的顺利推进，自2020年8月开始，实施工程质量、消防、人防业务融合统一监管实践，由一家质量监督机构根据施工图联合审查结果，全过程监管建筑、消防、人防质量，在验收阶段出具的《工程质量监督意见》中一并包含消防、人防专项监督意见，业务部门依据监督意见直接开展联合验收中的专项验收（备案）审批。

二是在建设过程中提前化解矛盾隐患问题。质量监督机构实时跟进工程进度，通过施工过程融合监管及专项检查，有利于提前发现以往竣工验收中容易发生的不合格、各专项冲突等情况，把现时验收阶段可能发现的质量问题消灭在施工过程中，有效解决了竣工验收整改多次反复的问题，大大提高了验收评定的工作效率，为工程的投产使用节省大量时间。

三是梳理制定融合监管工作规范标准。制定融合监管工作指引及流程图，将消防、人防检查内容按施工阶段分解整合，在地基基础、地下室、主体结构阶段，质量监督机构对土建、机电设备管线预埋、人防、消防施工质量（消防平面布局、消防疏散等）的建设检查融入质量检查中，并根据工程施工阶段动态调整各专业监督人员配置，在建设过程中由同一监督小组同步开展土建、设备、人防、消防质量监督，通过行政效能的优化整合，解决了多部门重复监管的问题。

四是实现竣工验收材料轻量化。结合过程融合措施，在联合验收系统中整合原消防、人防工程验收备案资料栏目，将消防、人防等验收申请资料与质量验收资料整合优化同类项，质量、消防及人防专项验收仅需上传14项资料，较联合验收（1.0）时减少12项，解决了企业重复多头上传资料问题，减轻企业负担。

5.4 联合测绘

2018年，广州市国土资源和规划委、住房和城乡建设委、民防办联合印发《广州市工程建设项目联合测绘实施方案》（穗建房管〔2018〕1642号），推动工程建设项目竣工验收阶段实施满足规划条件的项目实施核实测量、人防测量、不动产测绘联合测绘。本市范围内新建、改建、扩建工程建设项目，在竣工验收阶段涉及的规划条件核实测量、人防测量、不动产测绘实行统收统发，即一次收件、平行推进、分时办结、成果共享，最大限度缩减测绘环节和时限。

2020年，广州配套发布《建设工程联合测绘技术规程》，统一测绘技术标准、杜绝重复测绘、规范测绘流程，实现测绘成果共享互认。

5.4.1 联合测绘的政策亮点

1.压减办理环节

通过优化测绘流程，统一业务标准，整合业务平台，设立联合测绘服务窗口，在全市范围内"通窗委托""通窗取件"，建设单位可以委托任何有相应资质条件的测绘单位承接测绘业务。

2.缩减办理时间

实现工程建设项目竣工验收阶段规划条件核实测量、人防测量、不动产测绘统收统发。即一次收件、平行推进、分时办结、成果共享，最大限度缩减测绘环节和时限，政府投资类的建设项目缩减在10个工作日内完成；小型社会投资类的建设项目缩减在12个工作日内完成；中型建设项目缩减在18个工作日内完成；2万平方米以上的大型建设项目不超过30个工作日内完成。

3.缩减办理环节

精简重复项收件资料。测绘单位可同步进场、共享信息、资料，最大限度缩减测绘环节和时限，切实减少建设单位递件次数和费用支出。

5.4.2 联合测绘的实际案例

《广州市工程建设项目联合测绘实施方案》印发后，广州市全面开展对政府部门、政务窗口、行业协会、建筑业从业人员进行培训，同时通过拍摄政策解读视频，印制宣传手册、办事指南等方式增加政策知晓度。

广州市万庚房地产有限公司万科培山园V7栋项目于2020年1月10日提交联合测绘申请，当天正式受理，1月14日完成规划条件核实测量，2020年1月20日企业申请房屋建筑面积测绘暂停。2020年7月9日建设单位申请恢复，2020年7月13日完成房屋建筑面积测绘。整个项目扣除暂停日期，实际测量历时仅6个工作日。

据企业负责人反馈：在政策出台之前，从未感到这么高的效率，大大减轻了企业负担，切实享受到了改革带来的红利。

5.5 联合验收

5.5.1 联合验收的内涵与背景

联合验收指的是工程建设项目的竣工联合验收。工程项目竣工验收是工程建设的最后一步，也是项目流入市场前最为关键的一环。竣工验收改革也是工程建设项目审批制度改革的政策成果之一。曾经，在广州市启动"一站式"联合竣工验收前，没有一家房地产开发企业能确定何时能将产品交付业主。

根据参与房屋建筑工程的需求，广州市房建工程"联合验收"涵盖10个专项：分别为规划条件核实、消防、人防和质量竣工验收监督4个主要专项，建设工程档案、光纤到户、土地核验3个可承诺专项，水土保持、特殊工程气象防雷、重点项目档案3个可选择专项。

截至目前，广州市已有超过2600个房屋建筑工程通过全网办完成了联合验收，其中，一次性通过率超85%。企业通过竣工联合验收后，即可在网上下载加盖政府联合验收公章的《竣工联合验收意见书》，一键扫码即可获取各专项验收参数，大大增加企业的营商环境满意度。

5.5.2 联合验收的改革历程

1.1.0版阶段：搭建系统，开展探索

2018年5月，国务院办公厅印发《关于开展工程建设项目审批制度改革试点的通知》（国办发〔2018〕33号），广州市作为全国工程建设项目审批制度改革试点城市，拉开了改革序幕。2018年8月，广州市人民政府印发《广州市工程建设项目审批制度改革试点实施方案》（穗府〔2018〕12号），构建"一张蓝图、一套机制、一个系统、一个窗口、一张表单"等"五个一"审批体系，实现工程建设项目从立项到竣工验收（含公共设施接入）所有事项全流程全覆盖。

其中，广州市住房和城乡建设局负责牵头"联合验收"工作落地实施，经与市直12个职能部门多达8轮的会议研讨，3次正式征求意见，于2018年10月15日起实施竣工联合验收1.0版本（穗建质〔2018〕1695号），全网办的"广州市工程竣工联合验收系统"同步搭建完成。

全程网办，限时办结。广州市竣工联合验收工作依托审批管理系统做到纵向到区、全程网办，并取消"竣工验收备案"的独立办理方式。企业通过审批管理系统发起申请，上传一套电子材料后，系统自动分发至各部门，办结后《联合验收意见书》结果文书直接在系统中下载打印，同步出具《广州市房屋建筑和市政基础设施工程竣工验收备案》结果文书，实现办事企业在审核全过程的"零跑动"。

建设行业主管部门牵头，探索各部门统一开展现场验收模式，由各职

能部门同步审核，并与行政审批电子监察系统对接，严格按照规定期限办结。全面探索实施让原来由企业在各部门之间跑腿，转变为让数据多跑动，减轻企业负担，方便群众办事，行政效能大大提高。

2.2.0版阶段：人性化服务，收口管理

联合验收1.0发布当月，广州市住房和城乡建设局召开了3次企业座谈会倾听企业意见，企业普遍反馈联合验收申请条件高，无法一次性达到所有专项验收条件，抵触情绪较大，导致新政策实施20天却无一家企业成功申请。

为保障竣工联合验收工作的真正落地实施，广州市住房和城乡建设局及时调整工作思路，以企业感受度为工作成效的评价标准，在充分征求各部门与企业意见建议的基础上，于2018年11月更新发布2.0版本，试点企业可根据进展时序，循序渐进，在工程收尾阶段提前申请部分专项业务咨询服务，最终在质量竣工验收前，进入联合验收"收口"。这样既充分考虑了企业意见，又没有给企业增加交付使用前的时间成本。该举措得到了企业普遍的好评。同时，明确卫生防疫、环保、电梯等3项验收由建设单位自主开展，不纳入联合验收范围，减少企业负担。

收放结合，严把监管"收口"。广州市坚决落实国务院推行工程建设项目审批制度的改革要求，在项目立项、用地、规划与施工许可等前期阶段进行了大量的"放"，最后通过联合验收形成有力的监管"收口"。竣工验收是建成项目投入使用的最后一道关，是确保项目质量安全的关键一环。广州市提出明确要求，通过了联合验收的工程项目才能申办不动产首次登记或政府固定资产。向消费者交付更真实、更规范、更有质量保证的房屋，让房屋居住者放心、安心、舒心，防止在验收手续不齐的情况下把工程交付给百姓，引发群体信访维稳事件。同时，让参与企业人人熟悉"联合验收"，淡化"竣工验收备案"，为不断优化改革做准备。

3. 3.0版阶段：整合竣备，强化承诺

根据《国务院办公厅关于全面开展工程建设项目审批制度改革的实施意见》（国办发〔2019〕11号）工作要求，为提升办理建筑许可的营商环境，广州市住房和城乡建设局进一步优化调整联合验收工作，于2020年2月发布3.0版本，在"一站受理，一家牵头，全程网办"的运行基础上，进一步"压减时限，优化整合，强化承诺，主动服务"。

优化整合竣备手续。竣工联合验收通过后，发放《广州市房屋建筑和市政基础设施工程竣工联合验收意见书》，意见书中增加："根据《建设工程质量管理条例》，予以备案"，不再单独核发《广州市房屋建筑和市政基础设施工程竣工验收备案》。结果文书通过系统自动推送至不动产登记业务部门，凭此办理不动产首次登记手续。

强化承诺，加速投产使用。对"光纤到户通信设施工程竣工验收备案"和"建设工程档案验收"两项不涉及工程主体质量安全的事项实施告知承诺制，由建设单位做出承诺，先行办理联合验收。通信、档案部门加强事中事后监管联动，闭合诚信管理。经了解，此举可加速企业办理竣备时间半年以上，切实为工程的投产使用节省大量时间。

4. 4.0版阶段：融合监管，"一站式"联合验收

近年，国家将建设工程涉及的消防、人防职能归口住房和城乡建设部门，给联合验收体系的运行逐步完善创造了条件。为进一步优化营商环境，广州市住房和城乡建设局于2021年1月5日印发全市联合验收4.0版本，融合工程质量、安全、消防、人防"一站式"过程监管，一次性开展"联合验收"，不再允许专项验收提前单独完成；并升级"联合验收"系统，与各专项验收部门业务办理系统对接共享，保障全程网办更顺畅。

"一站式"融合监管，真正实现"一次性"联合验收。广州市住房和城乡建设局于2020年8月印发《广州市建筑工程质量、安全、消防、人防

业务融合统一监管工作方案》（穗建人〔2020〕223号），采取技术审查与行政审批分离模式，由一家工程质量安全监督机构负责到底，全过程监管建筑、消防、人防的按图施工情况，及时解决工程建设过程中技术方面存在的问题和隐患，消除障碍，保障各专项验收的一致性。最终联合验收时，审批部门根据监督站对技术的把关意见，并核实确认资料，完成程序性行政审批即可。该做法可提高联合验收的效率，解决了技术审查滞后、整改不及时等问题，真正实现一次性"联合验收"。

各专项参数"一站式"扫码获取。广州市提升推出联合验收4.0版本，各部门"一站式"联合验收，只出一份《竣工联合验收意见书》，统一加盖政府联合验收公章，验收结果一目了然，扫联合验收书上的二维码即可获取各专业验收技术参数，各部门不再单独出具规划、消防、人防等各专项的验收（备案）文书。

强化事中事后信用监管，保障行政监管闭环，建立公平有序市场环境。通信、档案部门加强事中事后监管联动，将超期不履行承诺行为推送至"信用广州"公示，公示期间审批部门暂停受理该企业以承诺制办理的所有审批事项。截至目前，已有60余家建设单位被推送至"信用广州——工程建设审批信用"专栏，对其不履行承诺行为进行公示。"一处失信、处处受限"，有效激励企业守信履约，维护公平有序市场环境。

5.5.3 联合验收的改革成效

从1.0版本到4.0版本，竣工联合验收一步一个台阶，在不断调整中渐成体系，企业声音逐步被融进了政策里。

1.升级助企压缩成本加速资金周转

越秀地产公司土建管理负责人表示："2020年12月，由我负责的几个项目顺利完成验收，从前半年多搞定的竣工验收，如今，7～10个工作日内就完成了，不仅如此，我们终于不用在政府各部门之间跑了，一切均可以在网上动动手指办结。"

"时间就是金钱。对于企业来说，3.0版本大大压缩了竣工验收周期，加速了企业的资金周转与交房效率，特别是对于那些上市企业来说，结算利润指标的时间计算点大大提前，增加了年报的含金量。"中海地产报建部经理陆树威说。

竣工联合验收不断完善到3.0版阶段，依靠的是企业的积极发声。广州市住房和城乡建设局在企业的声音中寻找改革的源泉和思路。从1.0到3.0，从只看硬指标追求办结时间快，转变为一切要从企业的实际出发。

2.融合联合验收缩减企业办理时间

竣工联合验收4.0版本是在机构改革的东风下完成的。2019年，在机构改革的大潮下，国家将建设工程涉及的消防、人防等职能归口住房和城乡建设部门负责，为联合验收体系运行的逐步完善创造了条件。通过采取工程质量、安全、消防、人防统一融合监管的方式，联合验收将大幅缩减企业办理验收时间，提升政府行政效能。

广州市茅岗腾顺实业投资有限公司开发部前期经理表示，整改是竣工验收的关键，企业只有顺利通过整改才能最终拿到《竣工联合验收意见书》，如果整改信息之间有冲突，对于企业来说会有点不知所措。"以前可不是这样，房建工程联合验收共涵盖10个专项，每个事项都要单独去各职能部门跑，而且各部门给到企业的整改意见不一，也存在相互矛盾的地方。"

联合验收的10个专项中，分别为规划条件核实、消防、人防和质量验收4个主要专项，建设工程档案、光纤到户、土地核验3个可承诺专项，以及水土保持、特殊工程气象防雷、重点项目档案3个可选择专项。对于大多数工程项目来说，每个项目总会涉及5～6个专项。按照每个专项至少跑两次来看，若要顺利通过验收的话，企业至少也要跑上十次。在全网办尚未启动前，每一次去各个职能局都要排队预约。

竣工联合验收的前提是主要验收专项工作收归住房和城乡建设部门统一负责。2020年8月，广州市住房和城乡建设局印发《广州市建筑工程质量、安全、消防、人防业务融合统一监管工作方案》，采取技术审查与行政审批分离模式，由一家工程质量安全监督机构负责到底，全过程监管建筑、消防、人防的按图施工情况，及时解决工程建设过程中存在的技术隐患。

这样做的好处在于，当进入最终联合验收时，审批部门可根据监督站对技术的把关意见，完成程序性行政审批即可，提高了联合验收效率，解决了技术审查滞后、整改不及时等问题，真正实现一站式联合验收。

经过3年的探索实践，"联合验收"正式取代"竣工验收备案"模式，成为全市房屋建筑工程完成验收交付的新路径。全面探索竣工联合验收让数据多跑动，企业少跑腿，大大减轻了企业负担，降低了制度成本，提升了行政效能。

广州市住房和城乡建设局持续在政企交流与碰撞中积累了经验，一切从企业的角度出发，从联合验收1.0版到4.0版，是使政策下沉、不断接地气的过程，更是广州营商环境一步一个台阶，更上一层楼的历程。图5.2是联合验收相关文件的二维码，读者可以扫描二维码获取更多信息。

图5.2 联合验收相关文件二维码

5.5.4 联合验收改革案例

1. 大成（广州）气体有限公司二期空分项目

（1）案例背景

大成（广州）气体有限公司二期空分项目符合社会投资简易低风险项目的各项条件，该项目竣工联合验收案件于6月29日正式受理，7月1日完成审批，企业已可在系统打印联合验收意见书，实际审批历时仅3个工作日。联合验收政策切实减轻了企业负担，也得到了企业的高度认可。

（2）案例亮点

①打破原有各个专项验收单独办理的现状，压缩合并为1个联合验收环节，由住房和城乡建设部门为牵头部门，负责质量竣工验收监督和消防备案专项，规划部门负责规划条件核实和土地核验专项。建设单位自行组织勘察、设计、施工、监理等有关单位的建设五方竣工验收在联合验收工作中同步完成。

②企业可以通过一站式申报平台"广州市工程建设项目并联审批平台"实现全程网上办理流转，企业无需提交纸质资料，审批材料同步推送住房和城乡建设与规划部门，通过联合验收后即可在线打印联合验收意见书，即可办理不动产登记。

③精压缩办理时限，减轻企业负担。审批时间由7个工作日压缩为5个工作日。以政府购买服务的方式同步完成联合测绘，无需企业分别找测绘单位开展规划核实测量和房产测量，大大减轻企业负担。

2. 广州市番禺区钟村中通生化制品厂厂房3

（1）案例背景

广州市番禺区钟村中通生化制品厂厂房3项目成为广州市第一个申请竣工联合验收的社会投资简易低风险项目，企业于4月2日完成验收后，正式受理不动产登记申请，于4月3日上午为该企业核发《不动产权证书》，实现简易低风险项目首次登记1个工作日内办结。

（2）案例亮点

①通过系统共享信息，内部流转《建设工程规划条件核实意见书》《广州市房屋建筑和市政基础设施工程竣工联合验收意见书》《房屋面积测绘成果报告书》《土地出让金核实意见表》等材料，由企业专窗专人对接，经受理、审核、缮证一条龙服务，以最快速度为企业核发不动产权证。

②以政府购买服务的方式同步完成联合测绘，无需企业单独申请房产测量及支付费用，大大减轻企业负担。

③大幅压缩登记办理时限，由原来4个工作日压缩至1个工作日。同时，免收企业不动产登记费和工本费，实现企业办证"零成本"。

第6章 工程建设审批创新改革

6.1 用地清单制

6.1.1 用地清单制的内涵及改革背景

所谓"用地清单制"，就是把过去由企业拿地后办理的规划用地事项，调整为土地出让前由政府统一办理。宗地各类评估评价工作调整至土地出让前完成。2018年，国土资源和规划委印发《广州市工程建设项目审批制度试点方案建立"土地资源和技术控制指标清单制"和用地红线范围内实行"豁免制"实施细则》，推进"用地清单制"改革。由土地储备机构组织相关部门，开展压覆矿产资源、地质灾害评估、水土保持等6项评估工作和文物、危化品危险源、管线保护等7个方面的现状普查，相关部门反馈评估评价和普查意见至土地储备机构，形成统一的土地资源评估结果。各行业主管部门、公共服务企业结合评估评价结果以及报建或者验收环节需遵循的管理标准，形成"清单式样"管理要求，一次性提供给建设单位。在项目后续报建或验收环节，不得擅自增加清单外的要求。

优化营商环境加速度，广州力推"用地清单制"。2018年9月以来，广州市认真贯彻落实党中央、国务院关于深化"放管服"改革和优化营商环境的部署要求，针对经营性用地创新推进"用地清单制"改革。"用地清单制"将重心放在土地软指标上，帮助企业在取得用地时即可明晰该地块相应指标参数和周边环节，有针对性进行工程设计和投资控制，而不是在后续审批过程中逐项取得指标要求，根据不同部门的意见反复修改设计，让企业承担不必要的时间成本。

6.1.2 用地清单制的改革红利

1.聚焦调整审批时序，着力变"企业跑"为"政府跑"

"用地清单制"通过调整审批时序，将用地方面需要企业跑腿办事的事项转变为政府主动办好后交给企业，实现政府"交地即可开工"的目的。具体来说，就是将宗地各类评估评价工作调整至土地出让前完成，相关部门反馈评估评价和普查意见至土地储备机构，形成统一的土地资源评估结果。该结果再形成"清单式样"管理要求，一次性提供给建设单位。在项目后续报建或验收环节，各部门不得擅自增加清单外的要求。

2.聚焦精简审批事项，着力降低企业时间成本

实施净地出让。土地出让前由市土地储备机构牵头完成管线迁改、土壤污染修复等事项，基本实现企业取地后即可实施。土地交地时间由原来的土地出让合同签订之日起6～12个月缩短到1～3个月。

实施红线范围内审批事项"豁免"。用地单位取得土地后，红线范围内"豁免"供水排水工程开工、市政基础设施移动改建、道路挖掘、临时占用绿地、砍伐迁移（古树名木除外）修剪树木等4项审批手续，可节省55个工作日、40个申报材料，缩短企业开工建设的时间。

3.聚焦明确用地投资成本，着力降低企业投资风险

"用地清单制"提前将土地开发建设所涉及的相关信息告知企业，实现企业投资风险可控。明确出让地块用地信息、规划条件和建设要求等信息，增强企业投资成本的可预见性，提高企业投资可行性分析的准确性。明确告知水、电、燃气等市政设施的接驳要求，提高企业投资测算的精准性，便于企业根据实际需求合理安排工期和投资进度。

4.聚焦平台信息共享，着力实现企业服务便利化

运用"多规合一"管理平台"经营性用地清单制"模块，实现用地清单信息网上集中反馈和发布，强化政务服务的信息化、标准化和便利化，仅需17个工作日，即可建立地块"清单式"管理各项要求。各单位在10个工作日内通过平台提交地块规划条件、宗地信息的评估评价结果后，各自的管理要求、技术设计要点、控制指标、宗地周边供水、供电、供气、通信连接点和接驳要求等管理清单，在7个工作日内通过平台统一反馈至土地储备机构。

截至目前，市、区土地储备机构已向超300宗公开出让经营性用地的受让企业提供了用地清单资料。

5.聚焦常态化服务机制，着力提高企业获得感

建立"用地清单制"常态化跟踪服务机制，着力查找企业的难点堵点问题，确保各项改革措施顺利落地。2020年以来，广州市土地储备机构多次组织土地受让企业召开专题座谈会，并采取上门走访、专门联络跟进等方式，了解企业对"用地清单制"实施效果的反馈情况。结合企业反馈需求，市规划和自然资源局、土地储备机构等相关部门进一步完善清单内容，提出更明确的公建配套设施指标和建设要求等意见，进一步提高"用地清单制"的实施质量和效果。

"用地清单制"难点在于增加管理透明度，各相关职能部门需要提前研究出让地块及周边情况，提出有指导性、针对性的标准要求，并尽早向用地企业明确，避免后续部门意见打架、企业无所适从。为此，首先需要出台相关操作细则，明确"用地清单制"具体内容、责任部门以及程序要求，并注重企业意见建议，逐步细化完善用地清单内容，为企业提供准确有用的用地清单信息。与此同时，用地清单制度需要信息化系统支撑，横

向联通各相关职能部门，具备意见反馈、汇总、统计等功能。广州市利用"多规合一"管理平台的基础和数据支撑，在平台中新增用地清单模块功能，有效降低了政策落地的时间和成本，避免了系统重复开发、数据标准不一致等问题。

今后，广州市将探索把更多专项规划要求、公共配套设施、市政公用服务相关指标要求纳入清单制模式管理；进一步规范各项指标要求，提高部门提供指标的深度和质量，为用地企业提供更全面、更准确、更实用的土地资源和技术评估指标。

6.1.3 "用地清单制"的企业反馈

"用地清单制真正让我们企业方便了很多，以前很多资料要逐个部门跑，现在一次性就搞定了。"办理黄埔大道646号地块报建工作的陈先生表示，"用地清单制"把过去由企业拿地后自行办理的规划用地咨询等事项，调整为土地出让前由政府部门统一办理。出让前政府就做好考古勘测工作和压覆矿产资源情况查询，签订出让合同时就收到来自市地震局、市排水公司、市供电局等8个政府部门和企事业单位的用地清单意见汇总，加快了工程建设速度，也提高了投资效益。

6.1.4 用地清单的答疑解惑

下面回答用地清单制实践过程中所碰到的问题，试举两例。

1. "用地清单"管理要求的具体内容？

答："用地清单"管理要求包括：

（1）绿色建筑及装配式建筑等意见；

（2）民防工程建筑指标，设计要求等方面的规定；

（3）提供出让地块周边（供水、排水、电、燃气、通信）管线现状情况、周边的连接点、公共设施连接设计等规定；

（4）公共服务设施及市政设施建设标准等相关规定。

2.用地单位如何取得"用地清单"？

答：广州市规划和自然资源局或各区土地储备机构在经营性用地出让后，将土地资源和技术控制指标总清单一并交付用地受让单位，强化用地单位"取地后可实施"。

6.1.5 "用地清单制"的经典案例

1.案例背景及简介

广钢新城AF040225—A项目，业主单位为广东保利房地产开发有限公司。各行业主管部门、公共服务企业应当根据出让宗地的规划条件，结合出让土地评估评价阶段的评估评价情况，以及报建或验收环节必须遵循的管理标准，提出"清单式"管理要求，在项目后续报建或验收环节，不得擅自增加清单外的要求。

土地储备机构汇总上一阶段工作（宗地评估评价阶段）获取的评估、评价、普查成果及宗地规划条件等信息，通过平台发送到上述各行业主管部门、公共服务企业。各行业主管部门、公共服务企业在7个工作日内，根据上述工作内容要求，依职能将各自的管理要求、技术设计要点、控制指标、宗地周边供水、供电、供气、通信连接点和接驳要求等管理清单信息，以书面形式加盖公章后，通过平台以附件上传方式反馈。

2.案例亮点

（1）该案例减少了开发企业拿地后征求各职能部门意见的时间，大约节省2个月左右。同时也减少了办理成本，避免了重复沟通，降低了沟通成本。工程达到正负零的公司开发效率标杆。这些成绩也有赖于前期用地清单为企业提前介入、缩短办理事项等相关工作。

（2）广州市规划和自然资源局已将该地块的用地清单列表提供各家单位，参与竞拍企业在获取清单中各职能部门的复文中，第一时间对项目的基本情况、定位、风险排查等做出准确的预判。有利于竞拍企业立项快速完成，为后续获取该地块争取了宝贵的时间并快速做出了准确的判断。

（3）针对清单中提及的相关政府职能复文资料，企业可以根据复文内容进行前期设计介入，减少了以前需开发企业拿地后方能征询相关职能部门的时间，避免了重复沟通，降低了沟通成本，也减少了相关办理事项，开发效率大大提高。例如：相关考古、土壤调查、地质灾害评估等相关意见无需企业再次去征询意见，做到一次到位。

（4）由于前期工作落地到位，该项目成功实现了获取土地后2月内取得总平方案批复，5个月内四证齐全，6个月提前征求广州市住房和城乡建设局、广州市民防办公室、广州供电局有限公司、广州市地震局、广州市通信建设管理办公室、广州市自来水公司、广州市城市排水有限公司、广州市燃气集团等相关单位意见并取得用地清单，为用地企业提供更全面、更准确、更实用的土地资源和技术评估指标，对企业策划和决策起到重大的作用。

6.2 施工许可证分阶段办理

6.2.1 改革背景

以往企业拿地后，还需要办理设计方案批复及调整，才能取得工程规划许可证后申报施工许可证。由于设计过程中需多次修改调整，最快也要3～6个月的准备时间，长则需要1年。而企业拿地时就已经贷款融资了大量的建设资金，以一个15万平方米的住宅项目为例，每晚开工一天，工程贷款利息就约30万。更大的项目，每天的利息就更高了。会给企业造成巨大的资金周转压力，政府投资项目也存在同样的问题。

而由于广州地质条件复杂、地下水丰富，企业拿地后迫切需要先挖基坑降水，而且土方开挖并不影响后期主体结构和工程质量。一些项目为了早动工、尽快融资，冒着违法建设风险在未办证情况下先偷跑开挖，无序施工给城市规范化管理带来隐患，增加社会治理成本，偷偷摸摸地施工也造成监管缺失，工程质量安全也无法保障。

为解决好这个城市治理隐患问题，市住建局紧抓广州作为工程建设项目审批制度改革和营商环境的试点城市契机，广泛调研听取企业意见，并研究了香港地区工程桩与上盖可以分别监管的做法，在不突破《建筑法》的前提下，为体现广州优化营商环境改革特色，细化了住房和城乡建设部《建筑工程施工许可管理办法》关于规划手续的规定，在全国首创施工许可证分阶段办理，企业最快在取地后即可先进行基坑施工，真正实现"拿地即开工"，质量安全监督机构同步介入监督，确保施工合法有序。

工程建设从原来"边设计边施工"的无序模式转变为"技术统领，合理分段，提前监管"的新型模式，让市场主体真正实现"早开工、早建成、早投产、早收益"。该做法获得了省、市人大的一致认可，顺利融入《广州市优化营商环境条例》，为创新提供了法制保障。图6.1展示了广州市实现拿地即开工的某项目实景图。

6.2.2　主要优化举措

1.打破常规，全国首创施工许可证分三阶段发放

打破整体办理施工证的传统思维，科学统筹工程规划、施工时序、财务进度等方面，创新将施工许可证按工程进展划分为基坑、地下室和地上三个阶段发放，并将规划手续按照从易到难的顺序优化对应施工许三个

图6.1 广州市实现拿地即开工的某项目实景图

阶段。办理施工证的自主选择权交给企业，建设单位确定施工总承包单位后，拿地就可开展土地整理工作，挖基坑清除淤泥，为工程地下结构施工做准备，并同步办理下一阶段的规划手续，这样施工与规划手续的办理互不影响，极大加速了工程建设投产进度和资金周转。具体方式为：

（1）凭规划部门出具的规划条件，可先行办理"基坑支护和土方开挖"阶段的施工许可证。

（2）取得规划部门出具的设计方案审查同意批文后，可办理"地下室"或"±0.000以下"阶段的施工许可证。

（3）取得建设工程规划许可证后，办理"±0.000以上"阶段或工程整体的施工许可证。

2.转变思想，优化用地手续的提供方式

在把关手续合法的前提下，由原来的只认《建设用地批准书》一种申请文书，变为企业可以提供《划拨决定书》《出让合同》《不动产权证》等7种可以证明土地合法手续的申请文书，精细化管理便捷企业申报，直接降低了企业办理难度，持续释放改革红利，赢得发展新动力。像政府投资的学校、医院、市政道路桥梁工程，用农转用地的手续作为用地手续就可先行申报第一阶段施工许可证，极大加快了民生项目的建设推进。

3.对标国际，简化既有建筑装修开工手续

既有建筑装饰装修工程的施工许可申报材料压减至6项，审批时间压缩至2个工作日内。对不涉及规划调整的既有建筑装饰装修工程，由建设和设计单位作出承诺说明即可，无需办理施工图审查。

广州市从2020年起试点对"不涉及规划调整、建筑结构与消防改动"的3000平方米办公场所装修工程，豁免规划、施工许可、消防设计审查验收等审批，只需办理消防备案，加速装修工程投入使用，增强国内外企业在穗投资设厂办公的预期和信心，受到以仲量联行、戴德量行、高力国际等国际房地产五大行、毕马威、德勤等四大会计师事务所为代表的国际公司一致好评。这项政策让企业总部在穗设立总部更便捷。据统计，2020年以来，已有460余家建筑业企业从外省、市迁移到广州市设立总部，其中，施工总承包特级资质企业有16家。

4.主动服务，"秒办"变更业务

以"主动服务"为导向，精准施策，分类别加快推进施工许可证变更业务，切实提升企业办事效率。一是对单位名称变更等非关键信息实施"秒办"，建设单位自行在系统登记即可直接完成变更，政府部门不再审批；二是对项目负责人变更等关键信息实施网上"即来即办"，审批时限压缩至1个工作日内。

6.2.3 改革成效

1.深化"放管服"改革为企业开工提速

2018年10月，习近平总书记视察广东期间，要求广州在现代化国际化营商环境方面出新出彩；2020年5月，李克强总理在政府工作报告指

出，要深化"放管服"改革，持续打造市场化、法治化、国际化营商环境。广州市住房和城乡建设局立即部署落实，锐意改革，在较短的时间内发布实施房屋建筑工程施工许可证2.0版，这是广州市住房和城乡建设局的一项创新改革举措，走在全国前列，它缩短了审批时间，提升了服务效率，为企业及时开工赢得了时间。

2020年6月1日，在广州市房屋建筑工程施工许可证2.0版实施首日，番禺区住房和城乡建设局就收到了企业的办理申请。番禺区住房和城乡建设局负责人表示："改革实施后，我们办理了全市第一张建筑工程施工许可证。企业花一天时间进行申请，第二天就可以拿到许可证。"他认为，实施房屋建筑工程施工许可证2.0版对企业来说更接地气。初稿广泛征求了企业意见，从企业最"翘首以盼"的问题着手，想企业所想，急企业所急。此前企业在规划申报、用地申报上需要花费大量的时间，2.0版为企业节省了规划意见审批时间，无障碍为企业办理用地手续，助力企业开工提速水到渠成。与此同时，这也将审批改革、审批服务提升到新的高度，使广州市在改善营商环境上出新出彩。

2.分阶段办证精细优化提升服务

2020年5月份，广东省住房和城乡建设厅公布了《2020年全省建筑节能和建设科技与信息化工作要点》，其中指出完善全省工程建设项目审批和管理体系，进一步完善省、市各级工程建设项目审批管理系统，加快推进城市工程建设项目审批管理系统与相关系统平台的互联互通等。

2020年上半年，全省各地各部门基本建成全省工程建设项目审批和管理体系，审批效率进一步提高；2020年下半年，按照"再优化、再整合、再提效"的工作思路，对审批环节、审批事项、审批流程、审批管理模式进一步深化改革，全面建成全省工程建设项目审批和管理体系，审批效率明显提质提速。

广州市住房和城乡建设局科学统筹，改革先行，广州市房屋建筑工程施工许可证2.0版更是一项创新之举，为广东省工程建设项目审批和管理体系做出典型示范。

6.2.4 企业访谈

2.0政策暖心服务，助力城市更新进程。广州市房屋建筑工程施工许可证2.0版自2020年6月1日实施以来，全市已有超3000个项目享受政策红利，打通了政策落地"最后一公里"，帮助企业抗疫渡关。相关企业表示，房屋建筑工程施工许可证2.0版本，对企业来说不仅是"暖心剂"，更是"强心剂"。

政策落地的成效看企业实际的获得感。作为广州市房地产企业代表，广州保利城改投资有限公司报建部负责人表示：了解到"施工许可证2.0"分阶段办理新政策后，海珠区琶洲东某住宅项目于2020年12月办理了第一阶段基坑的施工证，实现提前5个月开工，业主亦可提前5个月入住新房。工期的缩短，为整个项目注入了活水，不仅节省了财务费用约9000万，也避免了等待施工阶段人力、设备的浪费，对于企业来说，这不仅是"暖心剂"更是"强心剂"。据保利集团内部测算，2021年在广州共7个项目办理分阶段施工许可证，合计为企业节省了4.25亿财务成本。

珠光城市开发设计中心负责人认为，"'沥滘村'旧村改造项目作为2.0版实施后广州市中心城区首个申请施工许可的更新项目，具有规模大、时间久、跨度长的特点。仅2个工作日就取得了施工许可证，效率极高，切实体现了市委市政府及相关部门落实党中央决策部署的坚定决心和执行力度。"她还表示，按照常规报批流程，从供地到修规批复，再到建规批复，最后取得施工许可，正常办理需要近10个月的时间才能完成。随着广州市房屋建筑工程施工许可证2.0版成功上线，不仅优化了审批流程，企业拿地即可申请办理基坑支护和土方开挖的施工许可，而且资料简化、流程优化、审批高效，实现拿地即开工，为城市更新企业节省了宝贵时间，节约了相当数额的临迁费，村民回迁房的开工建设提前了将近10个月时间。有关施工许可证分阶段办理的更多内容，可以扫描二维码（见图6.2）。

图6.2　施工许可证分阶段办理相关文件二维码

6.3　区域评估

6.3.1　区域评估的内涵、意义和改革背景

1.区域评估的内涵

区域评估，是指由政府对投资项目审批过程中涉及的有关评估事项进行统一评估，形成整体性、区域性评估成果，由区域内投资项目共享共用。实施区域评估制度，对负面清单之外的投资项目，一次性告知建设单位相关建设要求，可不再进行单独项目评估或者简化相关环节和申请材料，相应的审批事项实行告知承诺制。目前，广州市区域评估工作包括环境影响、节能评价、水土保持、文物考古调查、地质灾害、地震安全性、气候可行性、雷电灾害风险等8个评估项目，涉及多个行政主管部门。

2018年，市国土资源和规划委、发展改革委、环保局、水务局、文广新闻出版局、地震局联合印发《关于组织开展区域评估工作的通知》（穗国土规划字〔2018〕403号），2018年8月10日起，在特定区域（开发区、功能园区、产业区块、工业或产业园区等）实行区域评估，各片区管理机构统筹组织开展片区规划范围内的环境影响评价、水土保持、地质灾害危险性评估、文物考古调查、地震安全性评价、节能评价等区域评估工作。评估评价结论上传到"多规合一"业务协同平台共享。在项目策划生成阶段，行政主管部门根据项目所在地的区域评估结果提出意见，明确有关建设条件和要求。已实施区域评估的，该区域范围内工程建设项目相应审批事项实施告知承诺制。2020年，市规划和自然资源局、发展改革委、生态环境局、水务局、文广旅局、气象局、地震局印发《关于深入推进区域评估工作的通知》（穗规划资源字〔2020〕56号），计划在2022年底前完成覆盖约501平方公里范围，包含环境影响、水土保持、地质灾害、文物考古调查、节能评价、地震安全性、气候可行性论证、雷电灾害风险评估等8个事项的区域评估工作，其中2021年底前完成比例应不低于50%。截至2022年6月底，合计将86个区域评估结论纳入"多规合一"平台共享。

2.区域评估的意义

区域评估是工程建设项目审批制度改革的重要内容之一，是实现"用地清单制、告知承诺制"的基础保障，能有效解决评估评审手续多、时间长、花费多等问题，进一步提高审批效率、减轻企业负担。

从实践来看，区域评估可支撑投资项目审批制度的三大转变。

一是通过区域评估，转变政府职能，变"申请后审批"为"申请前服务、事中事后监管"；

二是通过区域评估共享共用，保障部门多评合一的实施，变"单个项目评估"为"部门统筹策划，区域整体评估"；

三是通过政府购买服务，变"企业付费、多项评估"为"政府买单，一次告知"。

基于区域评估成果，可支撑地区明确管理负面清单，对投资项目实施差异化管理，提升"放管服"效能。

3.区域评估的改革背景

区域评估工作是工程建设领域一项自上而下的改革措施。2018年5月，《国务院办公厅关于开展工程建设项目审批制度改革试点的通知》（国办发〔2018〕33号）中要求转变管理方式，推行由政府统一组织对地震安全性评价、地质灾害危险性评估、环境影响评价、节能评价等事项实行区域评估。广州市深入贯彻落实国家改革要求，依次发布《市国土规划委市发展改革委市环境保护局市水务局市文化广电新闻出版局市地震局关于组织开展区域评估工作的通知》（穗国土规划字〔2018〕403号）、《市规划和自然资源局市发展改革委市生态环境局市水务局市文化广电旅游局市气象局市地震局关于深入推进区域评估工作的通知》（穗规划资源字〔2020〕56号），计划在2022年底前完成覆盖约501平方公里范围，包含环境影响、水土保持、地质灾害、文物考古调查、节能评价、地震安全性、气候可行性论证、雷电灾害风险评估等8个事项的区域评估工作，其中2021年底前完成比例应不低于50%。

6.3.2 广州区域评估开展概况

1.出台工作实施细则和部分事项的编制指引

2018年8月，广州市国土资源和规划委联合市发展改革委、市环保局、市水务局、市文化广电新闻出版局、市地震局等六部门制订了广州市区域评估工作的实施细则，并以《关于组织开展区域评估工作的通知》（穗国土规划字〔2018〕403号）印发施行。

在实施细则的指导下，广州市发展改革委编制了《广州市区域节能评估报告编制指南》（见图6.3～图6.5），内容包括节能评估报告的编制框架、区域能耗摘要表和企业节能承诺备案表，为制定"标准地"和实施承诺制打下了基础。

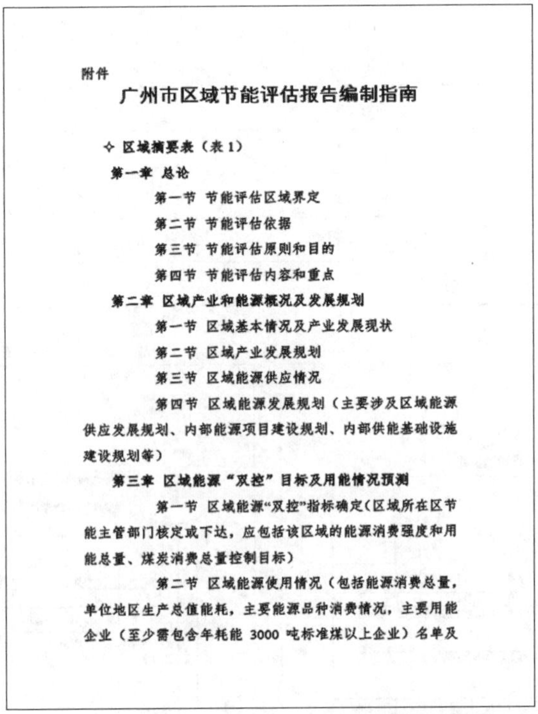

附件
广州市区域节能评估报告编制指南

◇ 区域摘要表（表1）
第一章 总论
第一节 节能评估区域界定
第二节 节能评估依据
第三节 节能评估原则和目的
第四节 节能评估内容和重点
第二章 区域产业和能源概况及发展规划
第一节 区域基本情况及产业发展现状
第二节 区域产业发展规划
第三节 区域能源供应情况
第四节 区域能源发展规划（主要涉及区域能源供应发展规划、内部能源项目建设规划、内部供能基础设施建设规划等）
第三章 区域能源"双控"目标及用能情况预测
第一节 区域能源"双控"指标确定（区域所在区节能主管部门核定或下达，应包括该区域的能源消费强度和用能总量、煤炭消费总量控制目标）
第二节 区域能源使用情况（包括能源消费总量，单位地区生产总值能耗，主要能源品种消费情况，主要用能企业（至少需包含年耗能 3000 吨标准煤以上企业）名单及

图6.3 《广州市区域节能评估报告编制指南》附件

表6.1列出了广州各区计划开展区域评估的面积。

广州各区计划开展区域评估面积　　　　　表6.1

序号	行政单位	评估面积（平方公里）
1	越秀区	2.7
2	荔湾区	36.0
3	海珠区	14.9
4	天河区	27.8
5	黄埔区	119.3

续表

序号	行政单位	评估面积（平方公里）
6	白云区	49.9
7	番禺区	44.1
8	花都区	76.5
9	南沙区	32.0
10	增城区	59.0
11	从化区	35.2
12	空港经济区	1.6
合计		501.1

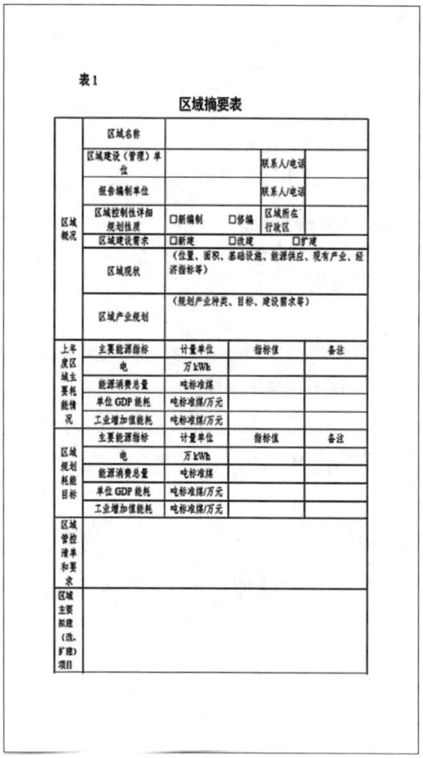

表1

区域摘要表

区域概况	区域名称			
	区域建设（管理）单位		联系人/电话	
	报告编制单位		联系人/电话	
	区域控制性详细规划性质	□新编制 □修编	区域所在行政区	
	区域建设需求	□新建 □改建 □扩建		
	区域现状	（位置、面积、基础设施、能源供应、现有产业、经济指标等）		
	区域产业规划	（规划产业种类、目标、建设需求等）		
上年度区域主要耗能情况	主要能源指标	计量单位	指标值	备注
	电	万kWh		
	能源消费总量	吨标准煤		
	单位GDP能耗	吨标准煤/万元		
	工业增加值能耗	吨标准煤/万元		
区域规划耗能目标	主要能源指标	计量单位	指标值	备注
	电	万kWh		
	能源消费总量	吨标准煤		
	单位GDP能耗	吨标准煤/万元		
	工业增加值能耗	吨标准煤/万元		
区域管控清单和要求				
区域主要拟建（改、扩建）项目				

图6.4 区域能耗摘要表

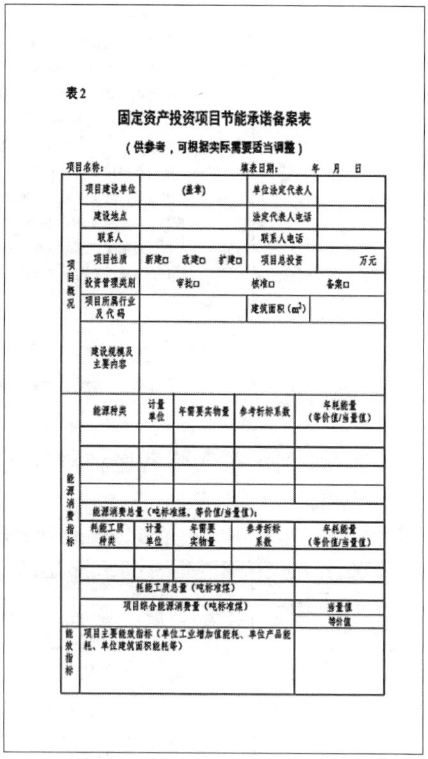

表2

固定资产投资项目节能承诺备案表

（供参考，可根据实际需要适当调整）

项目名称： 填表日期： 年 月 日

项目概况	项目建设单位	(盖章)		单位法定代表人	
	建设地点			法定代表人电话	
	联系人			联系人电话	
	项目性质	新建□ 改建□ 扩建□		项目总投资	万元
	投资管理类别	审批□	核准□	备案□	
	项目所属行业及代码			建筑面积（m²）	
	建设规模及主要内容				
能源消费指标	能源种类	计量单位	年需要实物量	参考折标系数	年耗能量（等价值/当量值）
	能源消费总量（吨标准煤，等价值/当量值）：				
	耗能工质种类	计量单位	年需要实物量	参考折标系数	年耗能量（等价值/当量值）
	耗能工质总量（吨标准煤）				
	项目综合能源消费量（吨标准煤）				当量值
					等价值
能效指标	项目主要能效指标（单位工业增加值能耗、单位产品能耗、单位建筑面积能耗等）				

图6.5 企业节能承诺备案表

2.开展试点区域的评估工作

根据《广州市人民政府关于印发广州市工程建设项目改革试点实施方案的通知》(穗府〔2018〕12号)的要求，广州市规划和自然资源局天河区分局选取天河智谷片区为试点开展区域评估，于2018—2019年间相继组织了各项评估工作，目前已完成规划环评、节能评价、文物考古调查、地质灾害评估、地震安全性评估五项。

图6.6～图6.10列出了试点区域(天河智谷片区)的各种区域评估结论。其中，图6.6列出了天河智谷片区的环境影响区域评估结论及建议；图6.7列出了天河智谷片区地质灾害危险性评估结论及建议；图6.8列出了天河智谷片区文物考古调查评估结论及建议；图6.9列出了天河智谷片区节能区域评估结论；图6.10列出了天河智谷片区地震安全性评估结论。

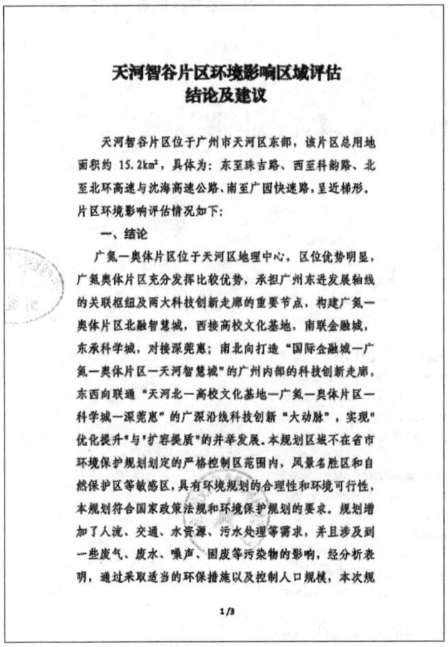

天河智谷片区环境影响区域评估结论及建议

天河智谷片区位于广州市天河区东部，该片区总用地面积约 15.2km²，具体为：东至珠吉路、西至科韵路、北至北环高速与沈海高速公路、南至广园快速路，呈近梯形。片区环境影响评估情况如下：

一、结论

广氮一奥体片区位于天河区地理中心，区位优势明显，广氮奥体片区充分发挥比较优势，承担广州东进发展轴线的关联枢纽及两大科技创新走廊的重要节点，构建广氮一奥体片区北融智慧城，西接高校文化基地，南联金融城，东承科学城，对接深莞惠；南北向打造“国际金融城一广氮一奥体片区一天河智慧城”的广州内部的科技创新走廊，东西向联通“天河北一高校文化基地一广氮一奥体片区一科学城一深莞惠”的广深沿线科技创新“大动脉”，实现"优化提升"与"扩容提质"的并举发展。本规划区域不在省市环境保护规划划定的严格控制区范围内，风景名胜区和自然保护区等敏感区，具有环境规划的合理性和环境可行性，本规划符合国家政策法规和环境保护规划的要求。规划增加了人流、交通、水资源、污水处理等需求，并且涉及到一些废气、废水、噪声、固废等污染物的影响，经分析表明，通过采取适当的环保措施以及控制人口规模，本次规

1/3

图6.6　环境影响区域评估结论及建议

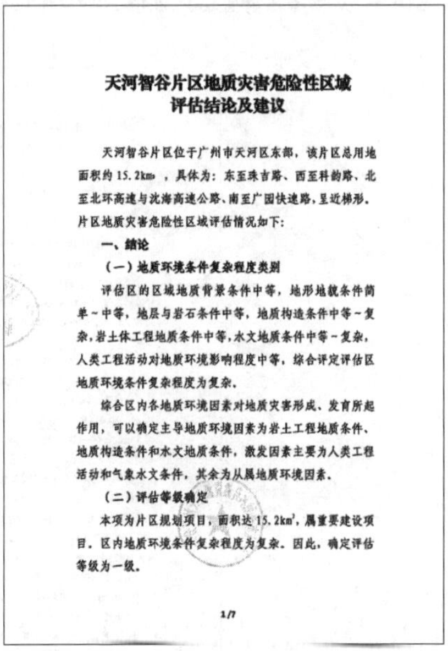

天河智谷片区地质灾害危险性区域评估结论及建议

天河智谷片区位于广州市天河区东部，该片区总用地面积约 15.2km²，具体为：东至珠吉路、西至科韵路、北至北环高速与沈海高速公路、南至广园快速路，呈近梯形。片区地质灾害危险性区域评估情况如下：

一、结论

(一)地质环境条件复杂程度类别

评估区的区域地质背景条件中等，地形地貌条件简单～中等，地层与岩石条件中等，地质构造条件中等～复杂，岩土体工程地质条件中等，水文地质条件中等～复杂，人类工程活动对地质环境影响程度中等，综合评定评估区地质环境条件复杂程度为复杂。

综合区内各地质环境因素对地质灾害形成、发育所起作用，可以确定主导地质环境因素为岩土工程地质条件、地质构造条件和水文地质条件，激发因素主要为人类工程活动和气象水文条件，其余为从属地质环境因素。

(二)评估等级确定

本项为片区规划项目，面积达 15.2km²，属重要建设项目。区内地质环境条件复杂程度为复杂。因此，确定评估等级为一级。

1/7

图6.7　地质灾害危险性评估结论及建议

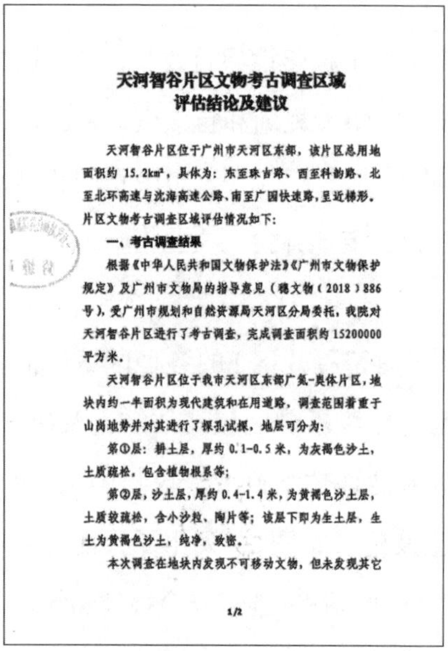

天河智谷片区文物考古调查区域
评估结论及建议

天河智谷片区位于广州市天河区东部，该片区总用地面积约 15.2km²，具体为：东至珠吉路、西至科韵路、北至北环高速与沈海高速公路、南至广园快速路，呈近梯形。片区文物考古调查区域评估情况如下：

一、考古调查结果

根据《中华人民共和国文物保护法》《广州市文物保护规定》及广州市文物局的指导意见（穗文物〔2018〕886号），受广州市规划和自然资源局天河分局委托，我院对天河智谷片区进行了考古调查，完成调查面积约 15200000 平方米。

天河智谷片区位于我市天河区东部广氮-奥体片区，地块内约一半面积为现代建筑和在用道路。调查范围围着重于山岗地势并对其进行了探孔试掘，地层可分为：

第①层：耕土层，厚约 0.1-0.5 米，为灰褐色沙土，土质疏松，包含植物根系等；

第②层：沙土层，厚约 0.4-1.4 米，为黄褐色沙土层，土质较疏松，含小沙粒、陶片等；该层下即为生土层，生土为黄褐色沙土，纯净，致密。

本次调查在地块内发现不可移动文物，但未发现其它

1/2

图6.8　文物考古调查区域评估结论及建议

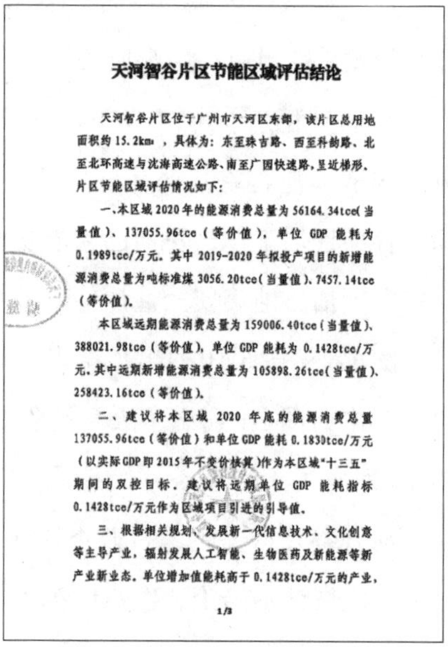

天河智谷片区节能区域评估结论

天河智谷片区位于广州市天河区东部，该片区总用地面积约 15.2km²，具体为：东至珠吉路、西至科韵路、北至北环高速与沈海高速公路、南至广园快速路，呈近梯形。片区节能区域评估情况如下：

一、本区域 2020 年的能源消费总量为 56164.34tce（当量值）、137055.96tce（等价值），单位 GDP 能耗为 0.1989tce/万元。其中 2019-2020 年拟投产项目的新增能源消费总量为吨标准煤 3056.20tce（当量值）、7457.14tce（等价值）。

本区域远期能源消费总量为 159006.40tce（当量值）、388021.98tce（等价值），单位 GDP 能耗为 0.1428tce/万元。其中远期新增能源消费总量为 105898.26tce（当量值）、258423.16tce（等价值）。

二、建议将本区域 2020 年底的能源消费总量 137055.96tce（当量值）和单位 GDP 能耗为 0.1830tce（以实际 GDP 即 2015 年不变价核算）作为本区域"十三五"期间的双控目标。建议将远期单位 GDP 能耗指标 0.1428tce/万元作为项目引进的引导值。

三、根据相关规划、发展新一代信息技术、文化创意等主导产业，辐射发展人工智能、生物医药及新能源等新产业新业态。单位增加值能耗高于 0.1428tce/万元的产业、

1/3

图6.9　节能区域评估结论

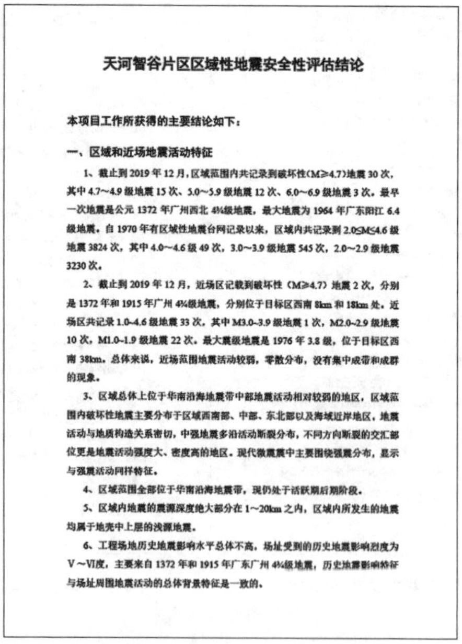

天河智谷片区区域性地震安全性评估结论

本项目工作所获得的主要结论如下：

一、区域和近场地震活动特征

1、截止到 2019 年 12 月，区域范围内共记录到破坏性（M≥4.7）地震 30 次，其中 4.7~4.9 级地震 15 次、5.0~5.9 级地震 12 次、6.0~6.9 级地震 3 次。最早一次地震是公元 1372 年阳西北 4¾级地震，最大地震为 1964 年广东阳江 6.4 级地震，自 1970 年有区域性地震台网记录以来，区域内共记录到 2.0≤M≤4.6 级地震 3824 次，其中 M 4.0~4.6 级地震 49 次，3.0~3.9 级地震 545 次，2.0~2.9 级地震 3230 次。

2、截止到 2019 年 12 月，近场区记载到破坏性（M≥4.7）地震 2 次，分别是 1372 年和 1915 年广州 4¾级地震，分别位于目标区西南 8km 和 18km 处。近场区共记录 1.0~4.6 级地震 33 次，由于 M3.0~3.9 级地震 1 次，M2.0~2.9 级地震 10 次，M1.0~1.9 级地震 22 次，最大震级地震是 1976 年 3.8 级，位于目标区西南 38km，总体来说，近场范围地震活动较弱，零散分布，没有集中成带的现象。

3、区域总体上位于华南沿海地震带中部地震活动相对较弱的地区，区域范围内破坏性地震主要分布于区域西南部、中部、东北部以及周域近场地区，地震活动与地质构造关系密切，中强地震多沿活动断裂分布，不同方向断裂的交汇部位更是地震活动强度大、密度高的地区。现代微震震中主要围绕强震分布，显示与强震活动伴behavior一致。

4、区域范围全部位于华南沿海地震带，现仍处于活跃期后期阶段。

5、区域内地震的震源深度绝大部分在 1~20km 之内，区域内所发生的地震均属于地壳上层的浅源地震。

6、工程场地历史地震影响水平总体不高，场址受到的历史地震影响烈度为 V~Ⅵ度，主要来自 1372 年和 1915 年广东广州 4¾级地震，历史地震影响特征与场址周围地震活动的总体背景特征是一致的。

图6.10　地震安全性评估结论

广州市以各区（含空港委）的市重点功能平台、工业产业区块（一级控制线）和价值创新园区、近期建设计划等为评估对象，已开展区域评估面积达948.1km^2。

3.部分评估专项已实现全覆盖

第一，水土保持专项已完成市域全覆盖（见图6.11）。广州市水务局组织广州市水务规划勘测设计研究院开展《广州市水土保持规划（2016—2030年）》，广州市重点预防区和重点治理区划分公告于2017年10月18日经市政府常务会议审议通过，由广州市水务局按程序于2018年2月5日公开发布。

前言

以习近平同志为核心的党中央高度重视生态文明建设，把生态文明建设纳入中国特色社会主义“五位一体”总体布局，党的十九大报告明确提出“推进水土流失综合治理”，为水土保持工作提供了有力思想武器和科学行动指南。

《中华人民共和国水土保持法》明确了水土保持规划的法律地位。为贯彻落实《中华人民共和国水土保持法》，2011年，水利部印发《关于开展全国水土保持规划编制工作的通知》（水规计〔2011〕224号），决定在全国范围内开展水土保持规划编制工作。2017年1月，广东省人民政府对《广东省水土保持规划（2016-2030年）》（粤府函〔2017〕8号）做出批复，2017年3月，广东省水利厅印发《关于贯彻落实〈广东省水土保持规划（2016-2030年）〉的意见》（粤水水保函〔2017〕445号），要求全省各地市（县）立即启动开展水土保持规划工作。

为适应广州市水土保持工作形势发展的客观要求，强化规划在水土保持工作中的指导和约束作用，根据水土保持法律、法规和上级水利部门要求，广州市水务局组织广州市水务规划勘测设计研究院开展《广州市水土保持规划（2016-2030年）》（以下简称《规划》）的编制工作。

《规划》在广州市重点预防区和重点治理区划分的基础上进行编制。广州市重点预防区和重点治理区划分公告于2017年10月18日经市政府常务会议审议通过，由广州市水务局按程序于2018年2月5日公开发布。

《规划》与土地利用总体规划、城乡规划、水资源规划、环境保护规划、林地保护利用规划、地质灾害防治规划进行了协调衔接，于2017年10月通过专家评审，2018年5月完成意见征集工作。

《规划》以镇级行政区为单位，全面收集了气象、社会经济、土地利用以及水土保持等基础数据，结合区域调研情况，全面掌握了全市基本情况，明确了水土保持防治需求。利用GIS和RS技术，系统科学提出了水土流失重点防治区划分的指标体系和划分方法，划定全市水土流失重点防治区；界定了全市“容易发生水土流失的其他区域”；划定了全市水土保持区划分；并制定了规划期内水土保持主要工作内容，规划期15年，基准年为2015年，近期规划水平年2020年，新增水土流失治理面积280.80 km^2，远期规划水平年2030年，新增水土流失治理面积345.74km^2。

本规划为广州市开展水土流失防治，维护生态系统、促进江河治理、保障饮水安全、改善人居环境、推动农村发展、规范生产建设行为、加快转变经济发展方式和建设生态文明提供技术支撑，为今后一定时期我市开展水土保持工作提供依据。

图6.11 《广州市水土保持规划（2016—2030年）》

第二，全市工业产业区块已完成地质灾害评估（见图6.12）。广州市规划和自然资源局组织编制了广州市工业产业区块地质信息与地质灾害防治要求告知书，全市443.26平方公里一级工业产业区块现已完成该项评估。

广州市规划和自然资源局关于公布广州市工业产业区块地质信息与地质灾害防治要求告知书及使用说明的通知

2020-03-20 来源：广州市规划和自然资源局 346次

各有关单位：

根据我市优化营商环境工作要求，进一步提高我市地质信息公开共享力度，支持社会各界获取地质信息，支撑相关项目选址、规划、设计，切实做好地质灾害防治，我局根据已掌握的地质成果资料，组织编制了广州市工业产业区块地质信息与地质灾害防治要求告知书，现予以公布，并就相关地质信息使用及地质灾害防治要求等情况说明如下：

一、工业产业区块地质情况评价范围及成果形式

本次地质信息与地质灾害防治要求告知范围为广州市工业和信息化局、广州市规划和自然资源局于2020年2月26日正式公布的《广州市工业产业区块划定成果》所划定的686个工业产业区块（总面积620平方公里，不涉及越秀区和天河区）。成果采用“一区块一评价”的原则，针对每一工业产业区块编制形成“一书一表三图”（地质信息与地质灾害防治要求告知书、告知一览表、平面图、钻孔柱状图和剖面图）。

二、地质信息与地质灾害防治要求告知主要内容

工业产业区块地质信息与地质灾害防治要求告知主要内容包含如下：（一）区块概况：区块名称、等级、编号、面积、规划主导产业等；（二）钻孔概况：钻孔数量、密度、分布情况等；（三）基本地质概况：地形地貌、岩土层及参数、不良地质作用和特殊性岩土、工程建设地质风险等级划分等；（四）地质资源：矿产资源、水资源、地质遗迹资源等；（五）地质灾害与防治要求：登记在册的地质灾害隐患点、地质灾害易发性分区、潜在地质灾害风险提示与防治要求等情况；（六）工程勘察建议：对区块内属于社会投资简易低风险工程建设项目是否免做工程勘察的建议。

“三图”内容主要包含如下：（一）勘察钻孔平面图：按行政区和空港经济区绘制10幅工业产业区块平面位置、区块内勘察钻孔分布及地质剖面分布图；（二）钻孔柱状图和地质剖面图：根据各工业产业区块内钻孔分布情况，绘制勘察钻孔柱状图，每个工业产业区块绘制1~2条地质剖面图，按区块统一编号。

三、地质信息与地质灾害防治要求告知使用说明

（一）各有关单位可按照各工业产业区块所属区域（行政区或空港经济区）及区块名称、编号等，在我局网站自行下载各区块地质信息与地质灾害防治要求告知文件。

（二）各工业产业区块地质信息与地质灾害防治要求告知成果基于我市城市地质调查阶段性成果及现有掌握的工程勘察钻孔资料分析编制形成，各区块内钻孔分布密度及分布均匀程度差异较大，区块内工程建设项目在设计、施工过程中应关注地质条件变化，如发现与本区块发布的地质信息不一致的情况，以实际勘察情况为准。

图6.12　广州市工业产业区块已完成地质灾害评估通告截图

4.在广州市多规合一管理平台建立公开机制

广州市各片区管理机构完成相关区域评估成果后，可统一上传到广州市多规合一管理平台（见图6.13），依托“多规合一”平台，区政府、主管部门或片区管理机构网站、园区现场通告等形式实现评估结论的全面共享应用。

5.确定《广州市区域评估技术规程》

广州市制定《广州市区域评估技术规程》（见图6.14），对区域环境影响、节能评价、水土保持、文物考古调查、地质灾害、地震安全性、气候

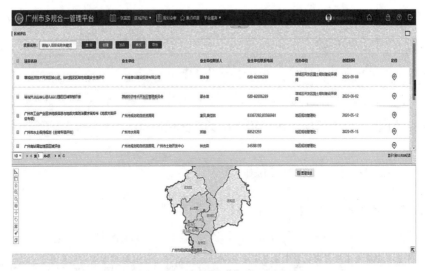

图6.13　广州市多规合一管理平台截图

区域评估事项	主管部门及联系人	法律法规	政策文件	技术标准	开展评估时间	评估成果时效期	评估机构资质要求	评估报告主要内容	例外清单（须依法依规实行单独评估的项目）	成果评审、审查（批）	联系人及联系方式
雷电灾害风险评估	市气象局	1.《中华人民共和国气象法》（2016年11月7日修正版）； 2.《气象灾害防御条例》（中华人民共和国国务院令第570号）； 3.《中国气象局关于修改<防雷减灾管理办法>的决定》； 4.《广东省气象灾害防御条例》； 5.《广东省气象灾害防御重点单位气象安全管理办法》（广东省人民政府令第254号）； 6.《气象信息服务管理办法》（中国气象局第27号令）。	1.《国务院办公厅关于全面开展工程建设项目审批制度改革的实施意见》（国办发〔2019〕11号）； 2.《广东省全面开展工程建设项目审批制度改革实施方案》（粤府〔2019〕49号）； 3.《广东省工程建设项目区域评估工作指引》（粤自然资函〔2019〕1931号）。	1.《雷电防护第1部分：总则》（GB/T 21714.1-2015）； 2.《雷电防护第2部分：风险管理》（GB/T 21714.2-2015）； 3.《雷电防护第3部分：建筑物的物理损坏和生命危险》（GB/T 21714.3-2015）； 4.《雷电防护第4部分：建筑物内电气和电子系统》（GB/T 21714.4-2015）； 5.《风险管理-风险评估技术》（GB/T 27921-2011）； 6.《风险管理原则与实施指南》（GB/T 24353-2009）； 7.《建筑物防雷设计规范》（GB 50057-2010）； 8.《建筑物电子信息系统防雷技术规范》（GB 50343-2012）； 9.《接地系统的土壤电阻率、接地阻抗和地面电位测量导则第1部分：常规测量》（GB/T 17949.1-2000）； 10.《气象灾害防御重点单位气象安全保障规范》（GB/T 36742-2018）； 11.《雷电灾害风险评估技术规范》（QX/T 85-2018）； 12.《雷电灾害风险区划技术指南》（QX/T405-2017）； 13.《雷电灾害应急处置规范》（QX/T 245-2014）； 14.《气象灾害防御 第1部分：风险区划》（DB44/T 2139.1-2018）； 15.《气象灾害防御 第2部分：重点单位管理》DB44/T 2139.2-2018）； 16.《气象信息服务单位备案规范》（QXT 314—2016）。	应在土地出让或划拨前。若评估区域的地点、规模发生重大改变以及出现重大规划调整的，应重新进行评估。	5年	1.独立法人资格； 2.具有满足业务需要的经营场所； 3.具有10名以上的气象相关专业技术人员，其中技术负责人应当具有高级技术职称，并具有以项目负责人、主要编制人从事气象相关评估工作5年以上工作经历。	区域雷电灾害风险评估报告应符合《广州市工程建设项目气象区域评估实施细则》的相关要求。评估报告应包含以下主要内容： （一）评估说明； （二）区域内规划和建设项目概况； （三）现场勘测及资料收集（含基础资料来源及其代表性、可靠性说明，通过现场探测所取得的资料，还应当对探测仪器、探测方法、探测环境和探测数据有效性进行说明）； （四）区域大气雷电环境分析； （五）区域雷电灾害情况分析； （六）区域雷电灾害风险综合评估； （七）防御和减轻雷电灾害的对策、措施和建议； （八）结论。	一、重点工程：省级及以上人民政府及其有关部门核准的重大投资项目。 二、爆炸和火灾危险环境项目 因雷击会造成巨大破坏和人身伤亡的爆炸和火灾危险环境项目，或者遭受雷击后可能对周围环境造成较大影响的危险化学品场所等工程项目，包括：1、一级/二级石油库2、一级/二级石油天然气站场3、大型、特大型石油化工企业4、中型、大型民用爆炸物品储存库、中型、大型烟花爆竹生产企业、危险品计算药量总量大于5000kg的烟花爆竹仓库、大型、特大型危险化学品企业及其仓库，以及类似爆炸或火灾危险场所。 三、大型建设工程 （一）公路、城市道路、轨道交通、索道工程：1、高速公路工程2、城市地铁、轻轨3、客(货)运索道工程。（公路、城市道路、轨道交通、索道工程复杂程度表 表6.2-2中 Ⅲ级）； （二）铁路工程：1、时速200KM客货共线2、Ⅰ级铁路3、客、货运专线4、独立特大桥5、独立隧道。（铁路工程复杂程度表 表6.2-1Ⅱ、Ⅲ级） （三）公路桥梁、城市桥梁和隧道工程：1、主跨≥250m拱桥，单跨≥250m预应力混凝土连续结构，≥400m斜拉桥，≥800m悬索桥2、连拱隧道、水底隧道、长度≥3000 m的隧道工程3、城市互通式立交桥。（公路桥梁、城市桥梁和隧道工程复杂程度表 表6.2-3中Ⅲ级） （四）民航机场工程：4E及以上场道、空中交通管制及助航灯光工程(大型综合工程含配套措施)（民用机场工程复杂程度表 表6.2-5中Ⅲ级） （五）水运工程：1、沿海港口、航道工程：码头≥10000t级，航道≥30000 t级2、油、气等危险品码头工程≥1000t级3、内河港口、航道整治、通航建筑工程：码头、航道整治≥1000t级，船闸≥500t级，升船机≥300t级4、航运（电）枢纽工程5、修造船厂水工工程：船坞、舾装码头≥10000t级，船台、滑道船体重量≥5000t6、水上交通管制工程（水运工程复杂程度表 表6.2-4中Ⅲ级） （六）水利、发电、送电、变电、核能工程：1、单机容量600MW以上凝汽式机组发电工程，新能源发电工程(可再生能源、风电、太阳能发电、潮汐等)2、换流站工程，电压等级≥500KV送电、变电工程3、核能工程4、最大坝高≥100 m或库容≥1亿m3的水库水电工程5、总装机容量≥1000MW的水库水电工程6、单洞长度≥4km的水工隧洞7、工程位于国家级重点环境（生态）保护区内，或毗邻国家级重点环境（生态）保护区，有特殊的环保要求。（水利、发电、送电、变电、核能工程复杂程度表 表5.2-1中Ⅲ级） （七）市政公用工程：1、城市高压燃气管网(站)，≥1000m3液化气贮罐场(站)：2、垃圾焚烧工程（市政公用、园林绿化工程复杂程度表 表7.2-2中Ⅲ级） （八）冶炼工程：1、火炸药及火工品工程，弹药引信工程2、航空主机厂，航天产品总装厂工程3、核燃料元/组件、铀浓缩、核技术及同位素应用工程4、有色、钢铁冶炼(含连铸)工程，轧钢工程。（加工冶炼工程复杂程度表 表3.2-1中Ⅲ级） （九）石油化工工程：1、海上油气田工程2、长输管道的穿跨越工程3、500万吨/年以上的常减压蒸馏及二次加工装置，芳烃抽提，芳烃（PX），乙烯、精对苯二甲酸等单体原料，合成材料，LPG、LNG低温储存运输设施工程4、合成氨、制酸、制碱、复合肥、火化工、煤化工工程5、核化工、放射性药品工程（石油化工工程复杂程度表 表4.2-1中Ⅲ级） （十）高耸建筑工程：1、高度≥120m的高耸构筑物。（建筑、人防工程复杂程度表 表7.2-1中Ⅲ级） （十一）广播电视、邮政、电信工程：1、电视、调频发射塔(台)设备(中波单机功率P≥10KW，塔高≥200m)工程（广播电视、邮政、电信工程复杂程度表 表7.2-3中Ⅲ级） （十二）其他依照法律、法规和规章的规定需要进行雷电灾害风险评估的项目。	评估机构完成报告编制工作后，将报告提交当地气象主管机构评审。当地气象主管机构应提前3个工作日通知市气象主管机构，市气象主管机构视情况派员到场监督。专家评审会应当场出具评审意见，评审通过的，进入审查流程；评审不通过的，评价机构应根据专家意见重新编制评估报告。报告完成后，重新报当地气象主管机构组织评审。	联系人：杨秋仪 联系电话：66619659

图6.14 《广州市区域评估技术规程》（雷电灾害风险评估）截图

可行性论证、雷电灾害风险评估等8项评估事项的技术规程提出了明确的要求。

在2019、2020年国家发展改革委组织的中国营商环境评价中，在住房和城乡建设部第一批向全国推广的改革经验中,广州市"区域评估+承诺制""用地清单制""水电气外线工程并联审批"等3项改革做法入选,成为全国试点城市中入选改革经验最多的城市。

截至2022年8月,已先后向社会发布两批区域评估成果,涵盖全市59个片区、107个单项的评估结论,覆盖面积达609平方公里。

6.3.3 区域评估改革答疑解惑

1."区域评估"工作的评估事项主要有哪些?

答:"区域评估"工作目前包括"环境影响、节能评价、水土保持、文物考古调查、地质灾害、地震安全性、气候可行性、雷电灾害风险"等8个评估事项。

2.哪些区域需要开展"区域评估"工作?

答:广州市各类开发区、功能园区、产业区块、工业或产业园区、价值创新园、IAB和NEM产业项目所属园区等特定区域以及市以上政府部门明确需开展评估的区域,在新编制或修编控规时,应同步立项开展"区域评估"工作。已批准或此前已启动编制控规的区域,单独立项开展"区域评估"工作(已全部建成,无新建或改、扩建需求的区域,无需开展)。

3."区域评估"工作与相关审批事项的关系?

答:建设项目位于已开展区域评估工作的区域内,且建设单位拟申请办理的事项属于广州市审批事权范围的,建设单位可根据获取到的区域评估事项的结论信息,研究自身项目是否需单独开展评估。建设单位承诺项目建设内容与区域评估结论中涉及该项目的内容、结论一致且按照区域评估的结论要求实施的,可无需再单独开展项目评估手续,所涉及审批手续,由评估事项的主管部门按照告知承诺制受理和审批。

4.有哪些途径可以获取"区域评估"的结论?

答:一是可以在各片区管理机构(特定区域:开发区、功能园区等)或区域评估工作组织单位处获取;二是可以在广州市"多规合一"管理平台内下载。

5."区域评估"工作的组织主体是哪个单位?建设主体利用"区域评估"的结论是否需支付费用?

答:"区域评估"工作的经费由各区政府、广州空港经济区管委会统筹安排,由各片区管理机构(特定区域:开发区、功能园区等)具体组织开展。片区没有设立管理机构的,由各区政府、广州空港经济区管委会指定承担该片区"区域评估"工作的负责单位,"区域评估"的结论无偿向片区内建设主体提供,不收取费用。

6.3.4 区域评估的经典案例——40个工作日压减为10个工作日

1.案例简述

天河智谷片区(广氮——奥体片区)城市设计及控制性详细规划区域评估,根据《广州市人民政府关于印发广州市工程建设项目改革试点实施方案的通知》(穗府〔2018〕12号)中"在特定区域(开发区、功能园区等)实行区域评估制度"的要求,广州市相关部门联合发布了《市国土规划委市发展改革委市环境保护局市水务局市文化广电新闻出版局市地震局关于组织开展区域评估工作的通知》(穗国土规划字〔2018〕403号),主要措施如下:

各区政府在启动特定区域的控规编制或修编工作时,应同步安排片区管理机构启动区域评估的项目立项和前期准备工作。各区政府在批准控规成果后的5个工作日内安排片区管理机构正式启动规划区域内的区域评估工作。

各片区管理机构在正式启动区域评估工作后,原则上应在40个工作日内完成所确定的评估事项的报告或方案编制，并按程序报送行业主管部门（机构）审定、审查或批准。

各事项的评估结论经审定、审查或批准后，各片区管理机构应在10个工作日内向片区内的建设主体通告区域评估结论，并将评估结论上传至广州市"多规合一"平台。已开展区域评估的事项，属于广州市审批事权范围内的，与评估事项相关的行政审批事项实行告知承诺制。

2.案例亮点

区域评估是工程建设项目审批制度改革的重要内容之一，是实现"用地清单制、告知承诺制"的基础保障，能有效解决评估评审手续多、时间长、花费多等问题，进一步提高审批效率、减轻企业负担。通过实践，总结天河智谷片区区域评估的亮点如下：

增强政府服务职能，变"申请后审批"为"申请前服务、事中事后监管"。通过事先做好相关事项的评估工作，有助于监管工程建设项目建设过程及后续运营。

保障部门"多评合一"的实施，变"单个项目评估"为"部门统筹策划，区域整体评估"。以往相关事项的评估往往只针对工程建设项目范围内，各评估事项单独进行；实施区域评估后，评估范围扩大到工程建设项目所在的片区，并由片区管理机构统筹各项评估的成果编制和审批工作，有助于实现"多评合一"。

节省企业时间和资金，变"企业付费、多项评估"为"政府买单，一次告知"。以往各评估事项需要由工程建设项目主体单位来承担相关费用，并需要等待各项审批流程，往往会推迟工程建设项目的进度。实施区域评估后，通过政府采购、统一评估的方式，节省了企业的资金；并通过实施告知承诺制，节省了等待审批的时间，有利于加快工程建设项目落地开工。

6.4 工程质量潜在缺陷保险

6.4.1 工程质量潜在缺陷保险的改革背景

近年，房企推崇"高周转"模式，加速推进全装修住宅产品开发，部分开发商未妥善处理好追求效率和把控质量的关系，在住宅产品存在质量问题的情况下，急于推向市场销售并交付，以达成快速回笼资金的目的。商品房质量问题易引发住宅业主投诉，项目开发公司解决住宅工程质量问题，往往动作拖沓，响应不及时，开发企业与住宅业主易产生矛盾对立。建设管理部门处理质量投诉信访，面对住宅质量问题的群访与重复信访，压力很大。据统计，2020年以来，广州每年房屋质量问题投诉信访案件达上千起，居民投诉占比较大的问题为外墙渗漏、卫生间渗漏、内墙开裂和墙面地面空鼓。

为解决住宅工程质量问题，全方位提升建筑领域管理服务水平，广州市紧抓全国首批优化营商环境试点城市的契机，对标世行银行营商环境评价要求，引入工程质量潜在缺陷保险，以市场化方向开展住宅质量整治，住宅建设单位投保质量保险，保险公司将委托风险管理机构开展巡查，房子竣工验收满两年后，如果出现质量问题，在一定的期限内由保险公司负责理赔或维修，可有效解决开发商无能力解决或找不到开发商以及难以使用物业维修金的问题。图6.15为座谈会现场之一。

6.4.2 广州新建住宅"医保"制度改革的过程

为建立健全工程质量风险管控体系，对标世界先进国家的先进做法，全面提升住宅工程质量水平，切实维护住宅工程产权所有人的合法权益，2020年8月，广州市住房和城乡建设局联合广州市规划和自然资源局、广

图6.15　住宅工程保险专题座谈会现场

州市地方金融监督管理局、中国银行保险监督管理委员会广东监管局等单位印发《广州市住宅工程质量潜在缺陷保险管理暂行办法》(以下简称《暂行办法》)。

《暂行办法》要求,广州市居住用地出让时,土地出让人应当将投保缺陷保险列为出让条件,并将投保缺陷保险列入出让合同。

建设单位在业主办理房屋交付手续时,应将《工程质量潜在缺陷保险告知书》随《住宅质量保证书》《住宅使用说明书》一并交付业主。

在保险期内,业主若发现工程存在保险范围内质量缺陷的,可以向保险公司提出索赔申请,由保险公司负责质量缺陷的维修或赔付。

2020年12月,广州市住房和城乡建设局印发了《广州市住宅工程质量潜在缺陷保险管理暂行办法实施细则》(以下简称《实施细则》),建立广州市工程质量保险制度。

根据《实施细则》,从2020年12月24日起,广州市行政区包括商品房、保障性住房、安置房在内的新建住宅工程,都将购买质量潜在缺陷保险。

若在保险期内,业主发现住宅存在墙体开裂、漏水等质量缺陷,都可以向保险公司提出索赔申请;商品住宅的保险费率将不低于1.35%;建筑企业需要在办理施工许可证之前,签订潜在缺陷保险合同;风险管理机构将在工程施工全过程进行质量检查，确保质量过关。

6.4.3　住宅保险制度的主要内容

1.住宅工程质量的承保范围

根据《实施细则》，质量潜在缺陷保险分为基本承保范围、必选附加险和可选附加险。

其中地基基础和主体结构工程、保温和防水工程为基本承保范围；装饰装修工程、建筑给水排水工程、通风与空调工程、建筑电气工程为必选附加险；智能建筑工程、建筑节能工程、电梯工程为可选附加险。

此外，使用财政资金建设的住宅工程，基本保险范围包括主险和必选附加险。可选附加险是否投保由建设单位和保险公司协商确定。

2.保险公司的参与条件

《实施细则》要求，住宅工程质量潜在缺陷保险采取共保模式，共保体由1家主承保公司和不少于2家从保公司组成，其中主承保公司应在国内2个或以上城市有住宅工程质量潜在缺陷保险主承保经验，并有10个或以上主承保案例。

牵头的主承保公司份额不得低于50%。共保体之间应以共保协议的形式明确各自在项目上的承保份额、权利义务。

与此同时，广州市将建立广州市建筑工程质量保险信息管理平台（简称"信息平台"），公示符合承担主承保条件的保险公司。建设单位应当选择信息平台上公示的符合条件的保险公司提供住宅工程的质量潜在缺陷保险服务。

3.商品住宅的保费计算

根据《实施细则》，使用财政资金建设的住宅工程，总基准保险费率为1.25%；商品住宅的保险费率，由建设单位和保险公司在平等自愿的基础上，不低于1.35%的保险费率，结合建设工程总体质量状况、装修标准、参建主体资质及诚信等具体情况协商确定。

住宅工程以建筑安装总造价作为保费计算基数，其中，商品住宅保费计算基数的合同造价，应不低于广州市建设工程造价管理部门公布的上一年或最近一期的房屋建筑工程参考造价的90%。

保险公司不得以减少建筑面积、剔除未投保项目工程费用等方式缩小承保范围、降低保额，不得低于正常市场价格承保，不得套取费用进行不正当竞争。

主承保公司应当建立IDI报价函管理制度，规范报价行为。意向客户询价时，主承保公司应当以正式报价函的方式向客户出具报价，不得以电话、短信、邮件、微信等非正规方式报价。报价函作为正式资料要件之一，在首次信息录入时上传至信息平台。

4.主承保公司及建设单位应提供给消费者的资料

主承保公司需要编制《住宅工程质量潜在缺陷保险告知书》，列明保单号、保险责任、范围、期限及理赔申请流程、争议解决方式等。在业主办理入户手续时，建设单位应当将《住宅工程质量潜在缺陷保险告知书》随同《商品住宅质量保证书》《商品住宅使用说明书》一起送交业主。

《商品住宅质量保证书》中应包含以下内容：建设单位应当明确保险期限起算日之前负责维修的单位名称、联系电话、建设单位监督电话，并明确保险期限内的主承保公司名称、联系电话。

建设单位应在《商品房买卖合同（预售）》《商品房买合同（现售）》对上述内容做出书面承诺，并在售楼现场进行公示。

5.首张广州市住宅工程质量潜在缺陷保险保单实践

《暂行办法》出台实施后，出让的居住用地目前正陆续进入施工许可阶段，相继投保工程质量保险。

2021年4月21日，首单广州市住宅工程质量潜在缺陷保险出具保单，实现了住宅工程质量潜在缺陷保险在广州的正式落地，保单为位于海珠区的某个住宅综合项目提供风险保障（见图6.16）。

图6.16 广州市首张工程质量潜在缺陷保险保单项目

该案例的落地标志着广州创新建筑市场监管方式、完善工程质量管理体系、保障工程质量和改善住房品质的政策措施正式进入落地实施阶段。

以后，新建住宅如在保险期内，业主发现保险范围内的质量缺陷，可向保险公司提出索赔申请，房屋过度沉降、裂缝变形、外墙渗漏均在承保之列。该保险制度的强制实施，将进一步有力保障工程质量、改善住房品质，提高人民群众幸福感！了解更多工程质量潜在缺陷保险内容，请扫描二维码（见图6.17）。

图6.17 工程质量潜在缺陷保险相关文件二维码

6.5 "办理建筑许可"专项改革

6.5.1 "办理建筑许可"专项改革的背景及过程

2020年以来，广州市结合世界银行营商环境评价标准，着重研究手续、时间、成本和质量控制四个元素在工程建设过程中的影响，以社会投资简易低风险工程为改革对象，出台了《关于印发进一步优化社会投资简易低风险工程建设项目审批服务和质量安全监管模式实施意见（试行）的通知》（穗建改〔2020〕3号）、《关于印发进一步优化社会投资简易低风险工程建设项目审批服务和质量安全监管模式工作方案（2.0版）的通知》（穗建改〔2020〕28号）等主要文件，并陆续印发配套文件，完善制度建设，目前已形成2个主文+34个配套文件的政策体系。

通过"办理建筑许可"专项改革，广州市将社会投资简易低风险工程全流程优化为6个环节（见图6.18），包括建设工程规划许可证与施工证许可证合并办理、工程质量监督检查（首次）、工程质量监督检查（施工过程中）、竣工联合验收、获取供水与排水连接服务、房产登记，办理时间总共18天。实行"一站式"网上办理，并按风险等级开展质量安全监督检查。截至目前，全市已落地社会投资简易低风险工程案例超100宗。

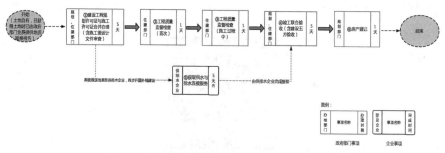

图6.18　社会投资简易低风险工程建设项目流程图

6.5.2 广州市"办理建筑许可"改革亮点

1.工程规划许可证和施工许可证并联审批

（1）打破原有审批时序，创新"两证"并联

广州市以企业办事便利度为准绳，深度优化整合建设工程规划许可证、施工许可证、企业投资项目备案、施工图设计文件审查、供水排水、供电申请等15个行政审批和公共服务事项，创新审批时序，压缩合并为1个"建设工程规划许可证和建筑工程施工许可证"并联办理环节。涉及的施工图设计文件审查、规划设计审查等技术事项由政府委托购买服务方式，与审批同步开展，不作为证照核发的前置条件。

（2）"一站式"网上申报，打造核心数据共享

企业通过"一站式"申报平台全流程网上办理，企业只需按办事指南要求在申报平台上传必要的申报材料和图纸即可完成申报，审批材料同步推送住建和规划部门，企业收到办结短信通知后，自行在线获取审批结果的电子证照，真正实现企业办事"零到场"。

企业申报信息作为报建核心数据，同步共享至发展改革、水务、公安、供水、供电等单位，通过政府部门内部信息共享完成申报，自动受理，企业可免予单独办理企业投资备案、污水排入管网许可（施工临时排水）、门牌申报、用水报装、用电报装等审批，极大地方便了企业办事。

（3）精简审批材料，压缩办理时限

将工程规划许可证和施工许可证的申报材料有机整合，申请表、土地使用证明文件等共性材料只需提交一次。取消了设计方案技术审查报告、放线测量记录册、施工图审合格意见书等材料，将原来的24项材料减少为12项，精简幅度达50%。图6.19说明了施工许可证和工程规划许可证并联审批办理流程。

1 **申报**

登录广东省政务服务网（http://www.gdzwfw.gov.cn/），进入广州市工程建设项目
联合审批平台，选择"社会投资低风险项目申报"，点击"工程规划许可证和施工许可证并
联审批"，按照系统设置填写申请信息及上传材料后提交。

2 **受理**

对申报材料是否齐备、形式是否符合要求进行审核，符合条件的予以受理。

3 **审批**

审批部门审查申报材料是否符合法律法规、政策文件以及标准规范的要求，依法作出审
批决定。

4 **发证**

申报单位可自行登录申报系统（http://online.gzcc.gov.cn/goweb/?sx=sgxk）查询
下载审批结果。

图6.19　施工许可证和工程规划许可证并联审批办理流程图

　　原来工程规划许可证和施工许可证串联办理，共需审批时间9个工作
日，并联办理后审批时间进一步压缩为5个工作日。2020年3月，广州市
首宗社会投资简易低风险项目在花都区完成两证合并审批，相关部门在3
个工作日就完成了建设工程规划许可证和建筑工程施工许可证的合并审
批，加快了报建时间2个月，节省成本约50万。同时，原来由企业负责的
监理单位聘请、施工图审查、规划放线、排水等也均改由政府负责采购，
企业办事便利度和获得感明显提高。

2.获取供水和排水连接公共服务

推行免报装、无打扰、零跑动的市政公用服务。由规划和自然资源、住房和城乡建设部门在审批许可完成后，共享工程项目信息到供水、排水服务企业，供水、排水服务企业与工程建设项目同步开展外线工程施工，13天内完成，工程竣工前完成接驳。

3.工程质量监督检查

根据工程风险等级分类管理，对低风险项目只进行2次必要的监督检查。

（1）开展首次工程质量监督检查

开工时由工程质量监督机构进行首次监督检查（1天），重点检查各方建设责任主体负责人是否到位、施工图纸是否符合标准、施工现场质量安全措施是否符合开工条件，发现违法违规行为及时要求整改，确保工程质量安全。

（2）开展第二次工程质量监督检查（施工过程中）

施工过程中由工程质量监督机构进行第二次监督检查（1天），重点检查各方建设责任主体履行质量安全管理职责情况、是否按施工图标准施工，发现违法违规行为及时要求整改，确保工程质量安全。

4."一次性"联合验收

（1）"一站式"网上申报

企业通过全市"一站式"申报平台——"广州市工程建设项目联合审批平台"进行网上申报，在线上传申报电子资料和图纸，全程网上办理，所有办理流程通过"一站式"平台流转完成。企业无需提交纸质资料，全程"零跑动"。

网址：http://lhsp.gzonline.gov.cn

（2）"一次性"上门验收

住房城乡建设、规划和自然资源部门开展"一次性"上门验收，统一时间赴现场开展规划条件核实、土地核验、消防验收备案、质量竣工监督，同步发放公安部门的门牌号码确认手续。

（3）"一份结果"在线获取

联合验收通过后，线上出具一份结果——《联合验收意见书》，盖一个章（联合验收专用章），企业直接在线下载打印。联合验收整套资料通过"一站式"平台同步推送城建档案馆、水务、不动产登记等部门存档，与后续监管联动。

2020年4月，广州市番禺区钟村中通生化制品厂厂房3项目完成联合验收，这是广州市首个简易低风险项目实现工程竣工联合验收。从企业提交申请到核发竣工联合验收意见书，全过程仅耗时3个工作日。建设单位代表表示，以前，竣工验收是一件很麻烦的事情，建设单位需协调多个部门开展专项验收，再根据各部门意见逐项落实整改，从申请验收到最终通过，往往要耗费几个月的时间。这一次，通过"全网办"的并联验收模式，最多5个工作日可完成验收，为企业省去了不少时间和麻烦。

5.房产登记

企业持相关申请资料，直接申请办理不动产国有建设用地使用权及房屋所有权登记，规划部门受理后在1个工作日内办结，免收登记费和工本费。

6.其他优化事项

对于其他优化事项，包括企业投资项目备案、污水排入管网审批、用水报装、门牌申报等，也有了改革的成果。表6.2列出了其他优化事项。

有关简易低风险项目改革的政策及成果，读者可以扫描二维码获取更多信息（见图6.20）。

表6.2 其他优化事项改革措施

无需单独办理事项 （政府内部信息共享）	免予办理事项	政府购买服务
企业投资项目备案	城市建筑垃圾处置（排放）核准	聘请勘察单位开展地质勘察
污水排入管网审批 （施工临时排水）	建设项目环境影响评价文件审批	聘请监理
用水报装	/	聘请施工图审查机构
用电报装	/	/
门牌申报	/	/

图6.20 简易低风险项目政策二维码

6.6 成立专业仲裁机构

为进一步优化广州市法治营商环境，提升仲裁专业化服务水平，中国广州仲裁委员会在内设机构仲裁秘书部增挂中国广州建设工程仲裁院牌子。

建设工程仲裁院与仲裁秘书部实行"一套机构、两块牌子"管理机制。建设工程仲裁院的主要职能是受理建设工程合同纠纷，进一步提高对于建设工程合同争议的处理能级。建设工程仲裁院通过发挥在解决建设工程领域纠纷的专业优势，对标国际最高标准，完善仲裁规则，创新工作方法，完善广州市建设工程领域的多元化纠纷解决机制，不断优化广州市法治化营商环境。以2020年为例，市仲裁院受理建设工程案件858宗。有关建设工程专业仲裁的改革措施和成果，读者可以扫描二维码获取更多信息（见图6.21）。

图6.21　建设工程专业仲裁院内容二维码

6.7 "多审合一、多证合一"改革

根据《自然资源部关于以"多规合一"为基础推进规划用地"多审合一、多证合一"改革的通知》（自然资规〔2019〕2号）有关要求，2020年1月，广州市规划和自然资源局印发《关于落实规划用地"多审合一、多证合一"改革的实施意见（试行）》，按照"推动规划和自然资源深度融合、推动审批信息化智能化、推行行政审批与技术审查相分离"的原则，深化"多审合一、多证合一"改革，自2021年2月1日起，合并建设项目选址意见书和建设项目用地预审，核发《建设项目用地预审与选址意见书》，合并建设用地规划许可和用地批准，核发《建设用地规划许可证》。截至2022年6月底，合计核发555个预审与选址意见书，1262个新版的用地规划许可证。

6.8 工业项目推行"带方案"出让

对"带方案"出让用地的工业项目从拿地到开工建设涉及用地、报建、施工、产权登记等审批事项打包组合为"一件事"，为企业提供"四证"或"五证"2种并联审批组合模式，企业只需"一次申请"，填写"一张表单",提交"一套材料",实现"一件事一次办",全程网办,采取部门协作、系统互联、数据共享等方式,推动审批流程再造,申请材料最多减少25份,审批时限压缩45.5%,实现审批事项全流程网上办理,6个工作日即可一次性获批"四证"或"五证",企业办事"零跑动",助力优化企业营商环境。

第三部分

城市借鉴篇

第7章 其他城市工程建设项目审批制度改革经验

从国内城市工程建设项目审批制度改革实践来看，北京市和上海市在改革中走在前列，两个城市作为世界银行在中国营商环境考察的两大城市，在工程建设项目审批领域改革的经验值得借鉴。

7.1 北京市构建全流程覆盖的建设项目审批服务体系

7.1.1 整体概况

2019年10月，国务院公布了《优化营商环境条例》，自2020年1月1日起施行。2019年5月以来，北京市对标国际，对标先进，根据改革实践效果和企业、群众的诉求，进一步健全以项目位置、性质、用途、面积为基础的各类工程建设项目风险评估体系，不断优化完善建设项目审批服务流程，陆续出台了《关于优化新建社会投资简易低风险工程建设项目审批服务的若干规定》等16个改革文件，使更多项目享受到改革的便利。北京市坚持营商环境法治化，于2020年3月27日发布《北京市优化营商环境条例》，固化改革成果，提升改革举措，规定了按照风险等级实施工程建设项目差别化管理；明确了社会投资低风险工程建设项目可以合并办理建设工程规划许可和施工许可，从立项到不动产登记全流程审批时间不超过15个工作日；探索在民用建筑推行建筑师负责制等。《北京市优化营商环境条例》对优化营商环境工作做出了一系列重大部署和工作安排。

7.1.2 主要做法和经验

1.深化企业投资项目承诺制，改革充分激发社会投资活力

（1）积极先行先试，积累改革经验。2019年1月，北京市印发《北京经济技术开发区企业投资项目承诺制改革试点实施方案（试行）》，在北京经济技术开发区（以下简称经开区）分两个阶段有序开展承诺制改革试点。第一阶段是试点探索阶段，着力理顺机制、明确分工、细化流程、组织宣贯，审慎选择2个项目摸索推进，全程跟踪项目报建审批、开工建设、事后监管各环节，为后续工作夯实基础。第二阶段是批量推广阶段，自2020年10月以来，试点工作实行批量办理，共10个项目参与改革试点，其中2个项目拿地3天即取得施工许可证。

（2）细化实施模式，提升项目管理水平最大限度取消审批环节。除立项、规划、施工、竣工等关键且必要节点性手续外，以"标准+承诺"最大限度精简审批环节，将能评、环评、水评等10个事项列入《告知承诺事项清单》，企业按照政府制定的标准作出书面承诺后，即可自主开展项目设计、施工等工作。大力推行技术方案备案。企业自主委托中介机构编制规划、国土、环保、交通、水务、园林、节能、人防、安全生产等技术方案，组织评审并形成评审意见，技术方案和评审意见报相关部门备案，相关部门原则上不再对技术方案进行实质性审查。

加强项目事中事后监管。依托投资项目在线审批监管平台，建立审批、监管、执法、信用链条式管理体系，明确部门职责、加强风险预判、细化监管措施、完善信息共享机制，对关键节点及企业承诺的核心内容实施重点监督检查，确保项目按照承诺条件和标准规范实施建设。

（3）推广实施区域评估，减轻企业办事负担。在土地一级开发阶段开展区域评估。结合经开区实际情况在土地一级开发阶段开展区域评估，由土地一级开发单位委托第三方机构编制环境、水、交通等区域评估报告。行政审批局提前介入，通过"一对一"精准帮扶组织行业专家评审、开展部门联合会商等方式为区域评估提供技术支撑，在马驹桥智造基地1800亩区域内，初步形成集成电路生产类、装备类、材料类等三类产业用地区域环评、水评、交评成果。

具体项目不再开展相关专项评价。对符合区域评估控制性指标要求的项目，可不再重复开展环评、水评、交评等专项评价，节省项目单位的费用支出及时间成本。在马驹桥智造基地1800亩区域摘地项目中，部分项目可直接享受区域评估成果，不再重复开展具体专项评价工作。

（4）建立综合服务机制，提升全过程服务水平。组建专业综合服务团队。建立综合服务窗口，设置综合服务岗位，开通工程建设项目专业咨询热线，随时为企业提供项目建设审批全流程咨询服务。引入第三方技术服务机构，为企业提供专业的消防、设计、施工等领域技术指导，提升企业对项目审批流程、审核要点等专业知识的熟悉度。

提供个性化定制服务。对于大型、重点、疑难项目，企业可在项目意向明确后，申请项目审批流程个性化定制服务。审批人员将安排专人根据项目特点等条件，倒排时间表，形成个性化定制流程方案，并向企业进行详细讲解进行全流程跟踪指导。对项目建设关键环节和重点问题，综合服务人员主动联系企业进行跟踪回访，对审批建设进度滞缓的项目，及时明确问题，全力协调解决。建立服务后评估制度，邀请企业对服务内容进行评价，不断提升服务工作质效。

2.依托投资项目在线审批监管平台打造投资项目一张网

（1）构建工作体系和工作机制。印发《关于加快建设市投资项目在线审批监管平台的通知》《北京市投资项目在线审批监管平台运作理实施办法》《关于深化投融资体制改革的实施意见》，成立"北京市投资项目在线审批监管平台领导小组"，构建北京市投资项目在线审批监管平台工作体系，建立覆盖市区两级所有投资审批部门和投批全流程的在线平台运行工作机制。

（2）统一全市投资项围出入口。统一投资项目申报线下入口。从2019年1月起，市、区政务服务中心全面实施综合窗口管理模式，将所有投资审批部门整合纳入投资项目审批专区，打造大厅投资项目审批服务"一窗"，由综合窗口人员承担窗口值守，负责所有投资审批事项的接件、受理、出件工作。依托综合窗口，完成投资审批事项目录梳理及标准化、业务流程优化，所有固定资产投资事项通过"一窗"纳入在线平台。

统一投资项目申报线上入口。出台《北京市工程建设项目审批服务互联网办事规则》，明确全市所有固定资产投资审批事项均需通过在线平台互联网门户网站进行申报。将"多规合一"平台、施工图联审平台、联合竣工验收平台入口统一到在线平台上。在线平台门户网站提供项目进度查询、政策公告、在线咨询等服务。

完成在线平台与所有投资审批部业务审批系统对接在14个投资审批部门中，经济信息化、园林绿化等6个部门全程使用在线平台，发展改革、规划自然资源等8个部门以统一接件、统一受理、统一反馈、统一送达模式使用在线平台。

（3）强化代码应用。实行国家项目编码和本市项目代码双码管理。将项目代码作为项目全生命周期唯一身份标识，项目单位通过在线平台首次办理相关审批事项时，由在线平台按照国家编码赋码规则赋予项目国家编码，在发展改革部门办理立项手续时，由发展改革部门赋予本市项目代码，并对国家编码和项目代码进行对应关联，审批、监管、建设实施进展等重要信息通过代码归集。

项目代码线上线下"应用必用"。线下，政务服务中心综合窗口人员在接收申报材料时对项目代码进行核验，在送达批准结果时，对项目代码进行检查，将各部门应用项目代码情况纳入对各部门年度绩效考评范围。线上，项目单位在在线平台互联网端申报时，可在赋码环节自动甄别、筛查，提示项目单位使用项目代码。在线平台政务外网端对在线平台增加项目唯一性校验功能，提供完备的项目库，对不同类型项目设置条件查询功能，关联项目代码，并提供可视化监测检查功能。

（4）加强创新应用。优化完善简易低风险项目审批服务流程，出台《关于完善简易低风险工程建设项目审批服务的意见》等16个改革文件。对于地上建筑面积不大于1万平方米、建筑投资高度不大于24米的项目，纳入社会投资简易低风险项目范围，依托在线低风险办理平台建设社会投资简易低风险"一站通"办理模块，推出包括审批、监业管、验收、登记的全封闭式项目管理体系，将全部投资审批环节整合压缩1375天为建设工程规划许可证办理、施工许可证办理、质量安全检查、联合竣工压缩至验收、不动产登记5个环节，办理时间由136.5天压缩为20天，其中项目备案、规划许可、伐移树木许可、市政报装申请4个事项实现"一表"申报、"一窗"受理、并联审批、一次办结。

优化审批流程。对公共服务类建设项目实施"一会三函"管理模式，项目单位经市政府集体决策纳入"一会三函"项目范围后，只需分别向发改、规划、住建部门申报前期工作函、规划意见函、施工登记函，即可开工建设，在项目竣工验收前完成正常审批手续即可，开工前审批手续时间压缩至45个工作日以内。依托在线平台开发"一会三函"管理模块，将"一会三函"项目全部纳和督入在线平台管理，并通过项目代码对试点项目和正常项目进行统筹管理，为试点项目牵头单位和"三函"办理部门、相关监管部门开展相关监管工作提供有力支撑。

优化完善工程建设项目审批流程。依托在线平台开发对工程建设项目"一个窗口""一张表单"支撑功能，开发工程建设项目"一张表单"申报专栏，实现项目备案、规划许可、移伐树许可、施工许可线上线下并联申报和并联审批功能。提升投资项目审批便利度。结合北京市政务服务中心投资项目审批专区窗口功能，依托在线平台开展电子签章、EMS双向寄递服务，由窗口人员对申报材料审核通过并作出受理决定的，可依托在线平台直接打印带有部门电子签章的受理通知书；项目单位在线上进行项目申报时，可自由选择项目材料申报或批准结果送达方式。

（5）加强信息共享。部门间信息共享。强化数据应用，与企业信用网、综合执法平台及住房城乡建设、统计、安全监管、商务等部门实现数据共享，为投资领业布局规划及行业调控提供数据参考。

投资审批申报用户账号互认。在线平台与北京市政务服务一体化平台完成统一身份认证，实现网站无感跳转。项目单位只需登录一次，即可在在线平台和北京市政务服务一体化平台中完成所有功能操作。

（6）加强在线平台监管。建立投资项目事项审批"红黄绿"分级预警和催办功能，实时对各部门各审批环节办理时限进行监管和督促。通过平台月报形式，对各部门审批时限、项目代码规范应用、审批证照文件上传、数据错误等情况进行通报和排名。将各部门在线平台规范应用情况纳入全市绩效考评和市政务服务中心监督检查范围。通过在线平台在线监控板块对事项审批和项目办理从网办率、用码率、审批用时等方面把关，强化对窗口规范服务和各相关审批部门行为监督检查。

7.1.3　对广州市的启示

北京市在优化营商环境改革率先尝试的基础上，严格按照住房城乡建设部改革试点要求深化工程建设项目审批改革工作，充分发挥一张蓝图规划引领作用，构建"多规合一"协同平台，重塑审批流程，构建了审批服务新体系，改革工作进展顺利。改革具有北京特色，体现了全面落实北京城市总体规划，突出减量发展的要求；"多规合一"协同平台为各类建设项目提供"全程线上、一站式、集成式"规划与各专项评估服务，为加快获得许可奠定基础；以企业需求为导向，提升市政接入服务水平，将市政接入报装由施工许可阶段提前至工程建设许可阶段，并通过系统信息共享联系用户，主动服务。

　　加强法律法规和政策文件的"立改废释"，将改革试点中取得的好经验、好做法，通过制度化的形式固定下来，建立长效机制，夯实法治基础。要坚持问题导向，以市场主体和群众感受为标准，做好改革试点评估工作。加强制度建设，构建覆盖所有投资审批部门的在线平台工作体系和工作机制。统一投资项目出入口，强化代码应用，加强在线平台监管，实现在线平台对投资项目审批全流程覆盖、全生命周期管理。加强创新应用和信息共享，为项目单位申报和审批部门开展监管工作提供便利条件。

7.2　上海市持续打造优化工程建设领域营商环境高地

7.2.1　整体概况

　　办理建筑许可是衡量城市营商环境综合考量的一个重要指标，上海市委、市政府高度重视营商环境建设，把推进建筑许可营商环境专项改革作为加快政府职能转变和深化"放管服"改革、优化营商环境的重要举措，深入贯彻落实党中央、国务院的举措部署，主动对标国际先进经济体，围绕"减环节、减时间、减费用、提质量"的总体目标，以优化审批为主攻方向、以改革创新为核心手段、以企业满意为评判标准，努力构建科学、便捷、高效的工程建设项目审批和管理体系，不断激发市场活力和社会创造力，为营造贸易投资最便利、行政效率最高、服务管理最规范、法制体系最完善的国际一流营商环境助力。"办理建筑许可"指标包括了从土地取得后到项目竣工验收及不动产登记之间全流程的企业与政府互动的环节、时间、成本和质量控制指数，是世界银行营商环境考察指标体系中涉及部门最多、办理环节复杂、时间跨度长、质量要求高的一项测评指标，被业内公认为是最复杂指标。根据《报告》，中国办理施工许可耗时111天，该指标质量指数得到满分15分，远高于东亚地区132天和9.4分的平均水平。

上海市是世界银行在中国考察的两大城市之一，统计权重更是达到55%。从2017年的第172名，到2018年第121名再到2019年第33名，最复杂指标为何发生"质的飞越"，对于上海的变化，市住建委建筑市场监管处相关负责人说，上海推动的工程建设项目审批改革在2019年逐步凸显效果。

自2017年起，上海市持续推动开展了一系列大力度的改革专项行动，系统深化上海市建筑许可领域"放管服"改革，努力打造"审批事项最少、办事效率最高、投资环境最优"的改革新成效。针对"全过程审批部门多、环节多、要求多、时间长"等瓶颈问题，顶层设计、靶向施政，率先推出了改革1.0版，通过采用"流程再造、分类审批、提前介入、告知承诺、多评合一、多图联审、同步审批、限时办结"等一系列举措，整合审批资源、提高审批效率、提升企业感受度。通过改革落地执行，显现出的成效获得了世行专家一致肯定。在此基础上，上海市坚持不懈深化改革，在充分吸收世行咨询团队提出的改革建议基础上，进一步借鉴学习香港、新加坡等世界先进经济体的改革做法，不断完善优化改革举措，更新形成了改革2.0版，成立全流程一站式服务监管机构，搭建全市统一的互联网+政务服务系统平台，提升基于不同风险差别化的现场监管体系，减免项目申报所需各类涉企的行政成本费用等，最大限度地提升建筑许可办理的便利化水平。

重点针对社会投资的标准厂房、普通仓库、小型工业等功能单一、技术要求简单的低风险项目，在强化建设、设计、施工、监理等单位主体责任的同时，进一步简化此类项目的审批流程，降低办理成本。充分借鉴先进经济体"一站式受理中心"的概念，从体制机制角度做实区级审批审查中心，对标国际商事仲裁通行做法，积极发挥上海市建设工程仲裁院专业、高效、灵活的机制特点，将其打造成上海市、长三角、国内、亚太有鲜明特色和市场口碑的专业性仲裁机构。围绕"减环节、减时间、减费用、提质量"的总体目标，上海刀刃向内、优化审批，连续推动两轮的建筑许可营商环境专项改革，推动中国办理建筑许可指标在2019年的排名大幅度飞跃，创下世行测评历史上单一指标年度最大升幅记录。企业办事明显更便捷，获得感普遍增强。

7.2.2 主要做法和经验

（1）创新体制机制。把政府投资、国有企业投资项目纳入改革范围，针对供排水接入、项目竣收、全过程质量安全监管、地质勘查办理等薄弱环节，制定以《2019年费依据和标上海市优化施工许可营商环境工作总体安排》为基础的改革3.0版政策体系，根据项目风险等级的不同分类制定差异化的改革举措，提升办理建筑许可便利化水平，尤其是1万平方米以下的低风险产业类项目办理建筑许可的便利化水平。

（2）实现智慧型"一网通办"。依托市政府"一网通办"政务服务总门户，以"项目全覆盖、业务全流程、数据全归集"为标准，开发建设"上海市工程建设项目审批管理系统"，明确上海市工程建设领域审批管理服务的统一入口，完善一站式在线申请、在线审批、在线咨询、供水排水接入服务等功能。建设工程规划许可证、施工许可证、综合验收合格通知书等项目审批全流程，各审批文件均采用电子证照在线发证。同步推出手机移动端审批功能。

（3）打造一站式服务机制。成立市、区两级审批审查中心，建立"在线综合受理、后台分类管理、统一系统发证"的一站式服务管理机制，在不改变各部门现行审批职能提下，整合审批资源，强化内部协同联动，推动项目线程各事项环节在线办理。

（4）规范工程建设隐形审批

启动上海市中介服务事项清单制管理，将原有的72项评估评审等中介服务事项减少到40项，精简率达44%。对确需保留的中介服务事项逐项编制服务指南，明确其法律依据、服务范围、受理材料、服务时限、具备条件、收72项费依据和标准等，对于政府委托的中介服务事项，其受理委托行为和办理结果全部纳入系统管理。

（5）完善仲裁咨询服务。成立上海建设工程仲裁院。支持社会第三方咨询服务机构提供市场化、专业化的咨询服务。

7.2.3 对广州市的启示

改革推进过程中，秉持"减环节、减时间、减费用、提质量"的总体原则，以优化流程为主攻方向、以改革创新为核心手段、以企业满意为评判标准，推出有力举措。针对工程建设项目瓶颈问题，不断升级完善改革政策体系，推动工作迭代更新。同步推进线上线下便利化改革，建立工程建设项目审批管理系统和一站式服务机制。厘清中介服务领域政府与市场的关系，实施中介服务事项清单制管理，精简中介服务事项，完善工程仲裁和工程咨询服务。

　　改革要关注改革的系统性和协同性，提升改革的系统性和配套性。比如建立完善建筑师负责制，探索建立招标计划提前发布制度，清除招标领域的隐性门槛和壁垒，推进招投标全流程电子化。注重回应企业关切，深化区域评估，推进产业园区规划环评与项目环评联动。注重改革举措的优化完善，体现精细化管理理念。坚持改革流程覆盖从工程建设项目立项到综合竣工验收、取得不动产权属证明的全过程；项目类型覆盖社会投资、国有企业投资和政府投资等各类项目；事项覆盖行政审批、中介服务、市政公用服务以及备案等各类事项。着眼于业务流程革命性再造，以"线上牵引线下、线下监督线上，线上线下相互补充、充分融合"为目标，以工程建设项目审批管理系统和工程建设项目审批审查中心为抓手，持续破除体制机制壁垒。

第8章 工程建设项目审批制度改革展望

工程建设项目审批制度改革任重道远，作为千年商都，改革开放的先行地，广州将以最大诚意欢迎投资者，提供一流的国际化、法制化营商环境，把广州打造成投资最佳发展地。营商环境"优"无止境，广州市将持续打造现代化国际化营商环境办理建筑许可的"广州样本"。

下一阶段改革的方向可在政策层面，进一步争取各有关审批部门和市、区财政部门支持，优先扩大不涉及财政资金、风险可控的改革举措的适用范围。重点引导支持黄埔、南沙、增城等开发区、自贸区充分发挥政策优势，在满足市里统一要求的基础上先行扩面，形成更多实际案例。在技术层面结合发现的专业法律之间、技术标准规范之间的冲突问题，以及需要简化办理手续的问题，建议修正专业法律条文、专业技术标准规范。建议出台工程保险试点文件，以注册人员执业险、工程质量险为监管辅助手段，在出现工程质量纠纷时快速理赔。在改革层面及时掌握并对标对标世界银行营商环境评价的有关指标，学习借鉴国内外先进城市的经验做法，持之以恒推进改革。要推广应用市工程建设项目联合审批平台，在平台中积累应用场景，及时共享信息资源。要直面审批改革中遇到的问题，认真分析原因，及时解决问题，不断优化审批流程。市工程建设项目审批制度改革试点工作领导小组办公室要加强统筹协调和督促检查，发挥好牵头部门统筹、协调、督导作用。各相关部门要加强沟通，形成工作合力。

要做好广州优化营商环境系列政策措施的宣传解读，提高企业和市民的知晓率和获得感。

8.1 以需求为导向深化改革创新

结合广州市优化营商环境4.0和国家创新试点工作，继续坚持以企业需求为导向，进一步推进一站式审批、监管、验收等改革，细化完善现行政策，继续保持广州市工程审批制度改革和办理建筑许可指标走在全国前列。全面深化"交地即开工"，实行"容缺审批＋承诺制"办理模式，探索取消用地规划规划许可证和用地批准书核发等审批事项，打造项目审批"高速公路"。充分运用"试点＋推广"的改革方式，鼓励有条件的行政区或开发区在满足上级改革要求的基础上，自行探索实施进一步的改革举措，特别是支持黄埔、南沙、增城等部分改革基础好，具备条件的行政区或开发区先行先试。出台工程类项目审批集中引入第三方服务的工作机制，规范社会机构技术审查、评估、鉴证等辅助事项的办理。推进香港工程建设模式试点，促进粤港澳工程建设领域的规则对接。

8.2 持续推进联审平台功能优化

根据国家、省关于联审平台数据情况的通报和业务实际需求，持续优化联审平台功能，进一步完善数据对接质量，确保项目信息完整度，加强做好日常数据管理和维护工作，为广州市工程建设项目审批制度改革提供有力的技术支撑。在信息公开、资料共享方面，实现法律法规、办事指南和标准规范集中公开，实现图纸和资料全过程电子化流转共享，实现全过程审批时限监控。

8.3 大力推动电子证照签发应用

进一步建立并完善电子证照检查督促机制，推进各部门签发和使用电子证照，减少纸质材料的收取，提高企业办事便利度。通过信息共享，加强跨部门间业务协同运作，提高并联审批效率。继续推进"数字政府"改革建设工作，提高网上政务服务能力，加快电子证照共享与应用，精简收件材料，优化事项办理流程，对审批难度低的案件探索推进"秒批"模式。探索采用区块链技术来实现工程监督的全链条可追踪、流程透明化以及监管机制的创新。

8.4 深化城市信息模型（CIM）平台

加快构建CIM基础平台、标准体系和全市三维现状模型，形成全市"一张三维底图"，充分发挥CIM平台基础性作用，为"穗智管"提供三维底图，带动智能化的城市管理模式创新，深化工程建设项目三维数字化辅助报审，探索基于CIM平台的全市工程建设过程质量安全智慧监管手段。夯实平台数据基础，在国家统一时空基准下汇聚基础地理信息、遥感影像、规划管控、"一标三实"、房屋建筑和市政设施调查数据、城乡建设领域等数据，构建CIM平台基础数据库并逐步更新完善，提供规划信息模型审查、设计信息模型报建审查、施工图信息模型审查和竣工信息模型备案等BIM汇集能力，丰富模型种类，提升数据质量和模型精度，形成城市三维空间数据底板，推动数字城市和物理城市同步规划和建设。

8.5 持续加强政策执行督导检查

根据实际项目落地情况检验改革政策执行效果和成效，加强督导检查，严禁出现"隐性审批""体外循环"问题，压实主体责任，确保改革措施落地生根，及时解决企业反馈问题。将工作重心从抓政策制定向抓落地执行转变，充分发挥牵头部门统筹、协调、督导作用，用好督导这根"指挥棒"，压实各级工作责任，对政策执行过程发现的新问题，及时查缺补漏，完善制度及系统建设，确保改革政策落到实处。根据住建部推进工程建设项目全流程网上办理的最新改革要求，以广州市工程建设项目审批制度改革试点工作领导小组办公室名义制定印发工作方案，继续发挥好广州市住建局牵头统筹、协调、督导作用，持续深化改革。继续紧跟督导发现问题，压实各级工作责任，重点针对基层部门在执行过程中反映的共性问题，在市级层面完善制度及系统功能建设，确保改革政策落到实处。

8.6 进一步做好政策宣传和培训

进一步扩大宣传范围，持续对相关部门、政务窗口、行业协会、企业、注册执业人员等开展线上培训。加强政策宣传的针对性和有效性，特别是加大对相关建筑企业和基层单位的宣讲培训力度，吸引更多企业开展项目建设，增加实际案例数量，以项目案例实际检验广州市的改革政策的可实施性和便利性。持续加强与企业、政协委员、各行业协会的沟通协调，通过企业、行业协会、"五大行、四大所"开展全覆盖宣传培训，将改革政策融入专业技术人员继续教育必修内容，逐步形成每年的常态化培训。持续加强"主动服务+全覆盖宣传"，重点做好新旧政策衔接的指导服务，加强政策宣传的针对性和有效性，吸引更多企业开展项目建设。

站在新的历史起点上，广州市将始终坚持以习近平新时代中国特色社会主义思想为指导，始终坚持以人民为中心，立足新发展阶段，贯彻新发展理念，服务构建新发展格局，认真落实省委"1+1+9"工作部署、市委"1+1+4"工作举措，更加坚定走好新的赶考之路，为实现中华民族伟大复兴的中国梦作出新的更大贡献！

广州市人民政府文件

穗府〔2018〕12号

广州市人民政府关于印发广州市工程建设项目审批制度改革试点实施方案的通知

各区人民政府,市政府各部门、各直属机构:

《广州市工程建设项目审批制度改革试点实施方案(政府投资类)》《广州市工程建设项目审批制度改革试点实施方案(社会投资类)》已经市人民政府研究同意并报住房城乡建设部备核,现印发给你们,请认真贯彻执行。执行中遇到的问题,请径向市住房城乡建设委反映。

附件:广州市工程建设项目审批制度改革试点实施方案工作任务分解表

广州市人民政府

2018年8月10日

广州市工程建设项目审批制度改革
试点实施方案（政府投资类）

为贯彻落实党中央、国务院关于深化"放管服"改革和优化营商环境的部署要求，推动政府职能转向减审批、强监管、优服务，提高政府投资工程建设项目审批的效率和质量。根据《国务院办公厅关于开展工程建设项目审批制度改革试点的通知》国办发〔2018〕33号的要求，制定本方案。

一、总体要求

（一）指导思想。

全面贯彻党的十九大精神，以习近平新时代中国特色社会主义思想为指导，深入贯彻习近平总书记对广东重要指示批示精神，站在更高起点上谋划和推动政府投资工程建设项目报建审批制度改革。运用行政审批与技术审查相分离的审批方式，建立联合审批体系。深度整合审批环节，提高审批效率，提升审批质量。

（二）实施范围。

改革覆盖工程建设项目审批全过程（包括从立项到竣工验收和公共设施接入服务）；主要是全市使用市本级统筹财政资金的房屋建筑和城市基础设施等工程，不包括特殊工程和交通、水利、能源等领域的重大工程；覆盖行政许可等审批事项和技术审查、中介服务、市政公用服务以及备案等其他类型事项，推动流程优化和标准化。审批权限在省或国家层面的审批事项从其规定。

（三）改革目标。

坚持效率优先，通过优化审批流程，着力解决目前政府投资工程建设项目立项耗时长、方案稳定难、与规划要求矛盾多、评估事项多、施工许可审批前置条件多等突出问题，基于"强化事关质量、安全和造价的技术审查，行政审批最少，流程最短，服务最优"的原则，按基本建设推进流程为主线进行流程再造，形成一批见实效、可推广、能复制的改革成果。2018年底前，建成工程建设项目审批制度框架和管理系统。将政府投资工程建设项目从立项到竣工验收环节的评审审批时间，压减至90个工作日。根据试点期间工作开展情况，广泛征求各部门、企业、公众意见和建议，2019年6月前进一步优化工程建设项目审批流程，压缩审批事项和时间。

二、改革措施

（一）优化审批流程，实现行政审批和技术审查相分离。

1.行政审批和技术审查相分离。在不突破法律、法规、规章明确的基建审批程序前后关系的前提下，按照"流程优化、高效服务"的原则，采取行政审批和技术审查相对分离的运行模式，后续审批部门提前介入进行技术审查，待前置审批手续办结后即予批复。

对于技术方案已稳定，但正在办理选址意见书或用地预审意见的项目，依据工程方案通过联合评审的相关书面文件，建设单位可先行推进可行性研究报告、初步设计（概算）等技术评审工作，在取得用地预审意见后，再正式办理相关批复。（牵头单位：市发展改革委、国土规划委、住房城乡建设委）

2.明晰审批权责。政府部门建立技术审查清单，只对清单内的技术审查结果进行符合性审查，不再介入技术审查工作。建设单位承担技术审查工作的主体责任，具体工作可以依托技术专家、技术评审机构，涉及质量、安全、造价的技术审查工作应做深做细。建立建设单位法人负责制和

工程师签名责任制，落实建设单位主体责任。（牵头单位：市发展改革委、国土规划委、住房城乡建设委）

　　3.优化审批阶段。按工程类别将政府投资工程建设项目划分为房屋建筑类、线性工程类和小型项目。审批流程主要划分为立项用地规划许可、施工许可、竣工验收3个阶段。其中，立项用地规划许可阶段主要包括可行性研究报告、选址意见书、用地预审、用地规划许可、设计方案审查（房屋建筑类）、建设工程规划许可核发等。施工许可阶段主要包括施工许可证核发等。竣工验收阶段包括质量竣工验收监督、规划、消防、人防等专项验收及竣工验收备案等。其他行政许可、涉及安全的强制性评估、中介服务、市政公用服务以及备案等事项纳入相关阶段办理或与相关阶段并行推进。（牵头单位：市国土规划委、住房城乡建设委、发展改革委）

　　4.完善审批机制。每个审批阶段均实施"一家牵头、一口受理、并联审批、限时办结"的工作机制，牵头部门制定统一的审批阶段办事指南及申报表单，并组织协调相关部门按要求完成审批。立项用地规划许可阶段的牵头部门为市国土规划委，施工许可阶段及竣工验收阶段实行行业主管部门负责制，按行业分类，分别由建设、水务、交通、林业园林等行业主管部门负责。（牵头单位：国土规划、住房城乡建设、水务、交通、林业园林等行业主管部门）

　　5.再造审批流程。以"行政审批为纲、技术审查为目"。通过合并报批项目建议书和可行性研究报告、合并办理规划选址和用地预审、取消预算财政评审、合并办理质量安全监督登记和施工许可，实行区域评估、联合审图、联合验收等措施。将目前从立项到竣工验收的28个主要审批事项精简、整合为15个主要审批事项，并按审批主线、审批辅线和技术审查主线同步推进。（详见政府投资类工程建设项目审批服务流程图）

　　审批主线由项目选址和用地预审（8个工作日）、项目建议书/可行性研究报告（5个工作日）、初步设计（概算）（5个工作日）和施工许可（5个工作日）及联合验收（包括规划条件核实、消防验收等，12个工作日）等主要审批事项组成，共需耗时35个工作日。

审批辅线由建设用地规划许可证、设计方案审查（房屋建筑类项目）、建设工程规划许可证等审批事项组成。相关审批事项与审批主线事项和技术审查事项并行推进或纳入相关阶段办理，不另行计时。

技术审查主线由联合评审方案（10个工作日）、初步设计技术评审（5个工作日）、概算审查（40个工作日）组成，共耗时55个工作日。技术审查工作分阶段穿插推进。稳定的技术审查成果，作为审批工作的技术支撑。（牵头单位：市发展改革委、国土规划委、住房城乡建设委、财政局）

（二）强化行业主管部门职责，技术先行，尽快稳定工程方案。

6.技术先行、做实前期工作。加强建设项目申报和计划编制的管理，项目申报单位应充分论证项目建设的必要性，分析项目建设的可行性和合理性。纳入政府投资计划前，应先行通过"多规合一"平台对意向选址开展规划符合性论证。对纳入政府投资计划或经市政府审定的专项规划、行动计划、市政府常务会议纪要等文件中明确的项目，及经市政府同意的近期实施计划中的项目，项目建议书和可行性研究报告可合并编报。建设单位可依据上述规划、计划、纪要等文件先行开展设计招标工作，做到工程方案阶段深度，其中对于市委、市政府决定三年内实施的重点项目，可做到初步设计深度。征地拆迁摸查工作同步开展。

国土规划部门要加快建立"多规合一"工作机制和技术标准，统筹各类规划，统筹协调各部门提出项目建设条件，以"多规合一"的"一张蓝图"为基础，提供项目的规划条件，在满足数据安全保密要求的前提下，应一次性提供包括总体规划、土地利用总体规划和控制性详细规划在内的规划控制要求，同步向建设单位提供地下管线图和地形图，作为开展相关工作的参考。上述管线图和地形图与现状不一致且影响到工程设计的，建设单位应委托测量单位进行实地测量，出具实测地形图。（牵头单位：市发展改革委、住房城乡建设委、国土规划委）

7. 联合评审、尽快稳定工程方案。由行业主管部门牵头，建设单位组织，会同发展改革、国土规划、财政、建设、交通、环保等相关行政管理部门，并邀请相关行业专家对项目建设内容、建设标准、建设规模、建设投资及合规性情况等内容进行联合评审，尽快稳定方案，重大项目可报市政府（市城建领导小组）审定。其中房屋建筑类项目由国土规划部门组织设计方案审查。

依据经审定的设计方案及投资，发展改革、国土规划等相关行政管理部门不再组织类似的技术评审工作，在发展改革部门批复项目建议书、可行性研究报告的同时，国土规划部门批复建设项目选址意见书、用地预审意见和规划用地许可证。如道路及市政设施方案不符合控制性详细规划的，由国土规划部门指导建设单位加快办理控制性详细规划修正手续。对于已核发规划条件的建设项目，建设单位在编制方案过程中，根据实际功能布局进行深化优化，确需对规划条件中的建筑密度、建筑高度进行调整的，在不增加计算容积率建筑面积，符合城市设计、交通场地设计、建筑间距退让、绿地率等技术条件的前提下，经国土规划部门论证审议后可按调整思路推进的，直接办理设计方案审查并同步推进控制性详细规划修正。（牵头单位：市住房城乡建设委、发展改革委、国土规划委、财政局）

8. 明晰责权、确保工程方案与造价标准相匹配。由建设单位组织审查，行业主管部门批复初步设计（概算）。交通、水利、供水、排水，林业及公共绿地和以景观效果为主的河涌附属绿地绿化工程的政府投资工程建设项目初步设计（概算）分别由交通、水务、林业园林等行业主管部门审批；地铁线路工程及轨道交通场站综合体工程初步设计的技术内容由市住房城乡建设委审批，概算由市发展改革委审批；其他政府投资工程建设项目的初步设计（概算）由市住房城乡建设委审批。

由行业主管部门统一负责建立初步设计评审专家库和概算审核咨询单位库，建设单位从评审专家库摇珠选取专家或委托技术评审机构评审初步设计，从咨询单位库中摇珠选取概算审核咨询单位审核概算，将初步设计评审和概算审核结果报送行业主管部门，再由行业主管部门批复初步设计（概算）。其中，中小型房屋建设工程和小型市政基础设施工程，由建设单位组织审查并出具技术审查意见，无须报行业主管部门批复，造价部分由建设单位从行业主管部门建立的咨询单位库中摇珠选取概算审核咨询单位审核，审核结果报行业主管部门备案。强化建设单位技术审查的主体责任，强化行业主管部门事中事后监管责任。（牵头单位：市住房城乡建设委、水务局、交委、林业和园林局）

9.工程建设和征地拆迁统一立项、分开报批。对于工期紧、征地拆迁复杂的城建项目，经市政府（或市城建领导小组）同意后，建设单位可按照工程方案及现场征地拆迁摸查进度分别编制并报送工程建设及征地拆迁的可行性研究报告（含估算），在施工招标公告前应取得征地拆迁可行性研究报告批复。

建筑信息化、专项设备（如舞台设备等）、布展等作为房屋建筑工程的必要组成部分的，与基本建设内容合并立项、统一审批、统一实施。（牵头单位：市发展改革委、工业和信息化委）

（三）转变管理方式，调整审批时序。

10.转变管理方式，推行区域评估、实行施工图联合审查。在特定区域（开发区、功能园区等）实行区域评估制度，由片区管理机构或各行业主管部门在控制性详细规划的指引下，在规划区域内开展区域环境影响、水土保持、地质灾害、文物考古调查、地震安全性、节能评价等评价评估工作，评估评价的结论由片区管理机构或各行业主管部门向特定区域内的建设主体通告，对已实施区域评估的工程建设项目，相应的审批事项实行告知承诺制。（牵头单位：国土规划、环保、水务、文化广电新闻出版等相关行业主管部门，片区管理机构）

对政府投资建设的房屋建筑和市政基础设施工程的施工图设计文件实施联合审图。将消防、人防等技术审查并入施工图设计文件审查，由建设单位委托同一家施工图审查机构对规划、建筑、消防、人防、卫生、交通、市政等专业进行联合技术审查，推行以政府购买服务方式开展施工图设计文件审查。相关行政监管部门按照其法定职责，制订施工图技术审查专业管理标准，并对施工图审查机构进行监督指导。将确认审查合格后的施工图设计文件、审查意见等上传全市统一的审批监管平台，取消施工图设计文件审查备案。相关部门按法定职责进行事中事后监管。（牵头单位：市住房城乡建设委，配合单位：发展改革、财政、公安、人防、国土规划等相关行业主管部门）

11.调整审批时序，优化市政公用服务报装。环境影响评价、节能评价、地震安全性评价等评价事项不再作为项目审批条件，地震安全性评价在工程设计前完成即可，其他评价事项在施工许可前完成即可。（牵头单位：市发展改革委，配合单位：住房城乡建设、环保、水务等相关行业主管部门）

供水、供电、燃气、热力、排水、通信等市政公用基础设施报装提前到施工许可证核发前办理，在工程施工阶段完成相关设施建设，竣工验收后直接办理接入事宜。（牵头单位：供水、供电、燃气、通信等公共服务企业，配合单位：国土规划、住房城乡建设、城市管理等相关行业主管部门）

（四）简化施工招标前置要件，优化设计招标方式，提高招标效率。

12.简化施工招标前置要件。施工招标前置要件用地批准书或国有土地使用证调整为用地预审意见书或建设用地规划许可证、线性工程类建设工程规划许可证调整为设计方案审查复函或工程方案通过联合评审的相关书面文件。在完成施工图设计的基础上，以行业主管部门批复的概算作为依据编制招标控制价，不再进行施工图预算财政评审。设计施工一体化（EPC）项目及政府和社会资本合作（PPP）项目，以经批复的可行性研究报告中的投资估算作为招标控制价开展招标。其中，政府和社会资本合作项目在开标前须取得项目实施方案批复。实行招标控制价备案与招标文件备案合并办理。逐步取消招标文件事前备案，由招标人对招标文件的合法性负责。（牵头单位：市住房城乡建设委、水务局、交委、林业和园林局）

13.优化设计招标定标办法。落实招标人负责制，工程设计公开招标可以实行"评定分离"制度。城市重要地段、重要景观地区的建筑工程、桥梁隧道工程及规划设计，以及对建筑功能或景观有特殊要求的建筑工程及桥梁隧道工程，可采用邀请招标方式或直接委托方式由相应专业院士、全国或省级工程设计大师作为主创设计师的规划设计单位承担。（牵头单位：市住房城乡建设委、国土规划委、发展改革委）

（五）分类管理，分段报建，简化施工许可程序。

14.实施分类管理、加快办理施工许可。施工许可手续按建设项目类型分为三类办理：维修加固、修缮、道路改造等没有新增用地的改建项目办理施工许可证时，不需办理用地手续，其中不增加建筑面积、建筑总高度、建筑层数，不涉及修改外立面、不降低建筑结构安全等级和不变更使用性质的改建项目，不需办理规划手续；轨道交通工程和地下管廊工程，参照铁路、水务工程的建设模式，采用开工报告的模式取代施工许可；涉及新增用地的建设项目，在技术方案稳定、符合规划且建设资金落实后，可将用地预审意见作为使用土地证明文件申请办理建设工程规划许可证，可将农转用手续作为用地批准手续办理施工许可证，视具体情况允许分段办理农转用手续，用地批准手续在竣工验收前完成即可。（牵头单位：市住房城乡建设委、水务局、交委、林业和园林局、国土规划委）

15.精简前置条件、实施告知承诺。尽量压减不涉及国家安全、社会稳定、工程质量安全的审批申报材料。取消施工合同备案、建筑节能设计审查备案、无拖欠工程款情形的承诺书等，用设计单位出具的施工图设计文件稳定承诺说明（须加盖注册建筑师专用章）或施工图技术审查意见先行办理施工许可手续，各项税费、保险、工资账户等资料可由建设单位以其承诺函形式先行办理。（牵头单位：市住房城乡建设委、水务局、交委、林业和园林局）

16.合并办理质量安全监督登记与施工许可。全面推进信息化管理，将质量安全监督登记手续整合纳入施工许可办理事项中，一次申报，同步审核。（牵头单位：市住房城乡建设委、水务局、交委、林业和园林局）

17.允许建设工程分段报建施工。在市政路桥、轨道交通和综合管廊等线性工程技术方案稳定、确保工程结构质量安全的前提下，按照"成熟一段，报建一段"的原则，建设单位可分阶段或分标段办理施工许可。（牵头单位：市住房城乡建设委、水务局、交委、林业和园林局）

18.提前办理道路挖掘等专项许可事项。建设单位可在取得施工许可证前（或完成施工招标前）完成道路挖掘、水上水下活动施工、河涌水利施工等相关许可手续，为实现施工招标后的"真开工"创造条件。道路挖掘等专项许可事项可分段或分阶段进行申报审批；市政管理部门城市道路占用挖掘许可、公安交通管理部门临时占用（挖掘）城市道路交通安全审核实行"统一收件，同步审核，统一出件"。审批过程中涉及占用、迁改市政基础设施、排水设施、道路、公路、绿地的，由建设单位按需提出申请，各行业主管部门通过全市统一审批监管平台并联审批，限时办结。在办理上述许可的过程中，如需要提供施工单位的相关资料的，采用"容

缺受理"和"告知承诺"等方式办理。(牵头单位：市住房城乡建设委、公安局、水务局、交委、林业和园林局)

(六)实行联合测绘、联合验收。

19.实行联合测绘。将竣工验收事项涉及的规划条件核实验收测量、人防测量、不动产测绘等合并为一个综合性联合测绘事项，由建设行政管理部门会同国土规划、人防等部门和单位共同制定联合测绘实施方案，梳理上述测量的技术标准和测绘成果要求，明确操作流程并组织实施，由建设单位委托具有国家相应测绘资质的测绘机构进行测绘，出具相应测量成果，成果共享，满足相关行政审批的要求。(牵头单位：市住房城乡建设委、国土规划委、民防办)

20.实行联合验收。出台工程建设项目联合竣工验收实施方案，实行行业主管部门负责制，按行业分类，分别由建设、水务、交通、林业园林等行业主管部门牵头，国土规划、消防、人防、档案、市政公用等部门和单位参与限时联合验收，整合验收标准，由行业主管部门统一出具联合验收意见，实现"同时受理、并联核实、限时办结"的联合验收模式。(牵头单位：建设、水务、交通等行业主管部门，市国土规划委、公安局、民防办、档案局)

(七)建立联合审批平台，完善审批体系。

21.深化"一张蓝图"，统筹项目实施。依托"多规合一"管理平台，统筹各类规划，统一协调各部门提出的项目建设条件，落实建设条件要求，做到项目策划全类型覆盖，策划全过程督查考核。(牵头单位：市国土规划委)

22.提升"一个系统"，实施统一管理。在国家和地方现有信息平台基础上，提升市工程建设项目联合审批系统功能和应用，大力推进网上并联申报及审批，实现统一受理、并联审批、实时流转、跟踪督办、信息共享。将审批流程各阶段涉及的审批事项全部纳入审批管理系统，通过审批管理系统在线监控审批部门的审批行为，对审批环节进行全过程跟踪督办及审批节点控制。强化市、区工程建设项目联合审批系统与"多规合一"管理平台、各部门审批业务系统之间的互联互通，做到审批过程、审批结果实时传送。扩大市工程建设项目联合审批系统覆盖面，落实经费保障，基本建成覆盖各部门和市、区、镇（街道）各层级的工程建设项目审批管理系统，逐步向"横向到边、纵向到底"目标迈进。制定中介和市政公用服务清单，将中介和市政公用服务单位纳入平台管理，实行对中介服务行为的全过程监管。建立中介和市政公用服务管理制度，全面实行中介和市政公用服务承诺制，明确服务标准、办事流程和办理时限，规范服务收费。（牵头单位：市政务办、编办、住房城乡建设委、国土规划委、财政局、工业和信息化委）

23.强化"一个窗口"，提升综合服务。进一步完善"前台受理、后台审核"机制，整合各部门和各市政公用单位分散设立的服务窗口，通过同一窗口"统一收件、出件"，实现"一个窗口"服务和管理。（牵头单位：市政务办、住房城乡建设委、国土规划委）

24.细化"一张表单"，整合申报材料。建立各审批阶段"一份办事指南、一张申请表单、一套申报材料、完成多项审批"的运作模式，各审批阶段牵头部门制定统一办事指南和申报表格，每个审批阶段申请人只需提交一套申报材料，不同审批阶段的审批部门应当共享申报材料。（牵头单位：市政务办、工业和信息化委、住房城乡建设委、国土规划委）

25.完善"一套机制"，规范审批运行。进一步建立健全工程建设项目审批配套制度，明确部门职责，明晰工作规程，规范审批行为，确保审批各阶段、各环节无缝衔接。建立审批协调机制，协调解决部门意见分歧。建立情况通报制度，定期通报各部门审批办理情况，对全过程进行跟踪记录。（牵头单位：市政务办、住房城乡建设委、国土规划委、发展改革委）

三、保障措施

（一）加强组织领导，形成工作合力。

市委、市政府成立市工程建设项目审批制度改革领导小组（以下简称领导小组），由市委主要领导任组长，市政府主要领导任常务副组长，市政府常务副市长、市委秘书长和分管城建工作的副市长任副组长。领导小组下设办公室，办公室设在市住房城乡建设委，办公室主任由市政府协助分管城建工作的副秘书长担任，副主任由市住房城乡建设委和市国土规划委主要领导担任。市委政研室（市委改革办）、市发展改革委、工业和信息化委、公安局、财政局、国土规划委、环保局、住房城乡建设委、交委、水务局、林业和园林局、文化广电新闻出版局、卫生计生委、审计局、法制办、政务办等部门主要领导为成员。由领导小组办公室负责，建立定期通报、工作例会、监督考核等机制，协调推进改革工作，统筹组织实施，以企业和公众感受为标准，建立工程建设项目审批制度改革试点考评制度，出台考评办法，明确考核部门、考核内容、考核时间等，并在年度考核中予以体现，定期及时向住房城乡建设部报送工作进展情况。各区政府建立以主要负责同志为组长的改革领导小组，将工程建设项目审批制度改革列入各区的重点工作。市府办公厅会同领导小组办公室加强对改革试点工作的督查督办。（牵头单位：市住房城乡建设委、市府办公厅、各区政府）

（二）制定配套文件，争取创新先试的政策保障。

各区政府、各有关部门要高度重视，按照本方案明确的工作任务分工，切实承担本区域、本部门的改革任务，及时出台或修订配套政策和制度文件，全面贯彻落实各项改革措施，确保各项任务落到实处。同时梳理相关文件与法律、法规、规章等不一致的地方，按照程序研究和上报，申请简化建设工程规划许可证和分类办理施工许可证等改革举措在广州"先行先试"。（牵头单位：市住房城乡建设委、国土规划委、发展改革委、法制办）

（三）鼓励创新，建立"容错"工作机制。

对采取改革措施审批，推进前期工作和进入开工建设的项目，相关行业监管部门除对工程的质量、安全、文明施工等进行监管外，对于经过技术复函、告知承诺函办理的审批事项，不对审批要件不完整的情形进行处罚问责；除相关单位、个人以容缺受理名义谋求私利情况外，纪检监察机关、组织、审计部门根据"三个区分开来"的原则和容错机制相关规定处理。（牵头单位：市纪委监委、市委组织部、市审计局）

（四）建立事中事后监管制度和平台。

从重审批向重事中事后监管转变，以告知承诺事项为重点，建立完善记录、抽查和惩戒的事中事后监管制度和平台，建立健全覆盖建设单位、工程勘测、设计、施工、监理等各类企业和注册执业人员的诚信体系，进一步落实各单位的主体责任，经发现存在承诺不兑现或弄虚作假等行为并经查实的，计入企业和个人诚信档案，按规定实施联合惩戒。（牵头单位：市发展改革委、政务办、住房城乡建设委、国土规划委）

（五）做好宣传引导。

各有关部门、各区政府要通过多种形式及时宣传报道试点工作的改革措施和取得的成效，加强舆论引导，做好公众咨询、广泛征集企业、公众意见和建议等，增进企业、公众对试点工作的了解和支持，及时回应关切，提升企业获得感，为顺利推进试点工作营造良好的舆论环境。（牵头单位：市住房城乡建设委、发展改革委、政务办、国土规划委，各区政府）

本试点方案自印发之日起施行，各区按照本方案制定具体实施工作方案，交通、水务、城管、林业园林等行业主管部门可针对不同类型项目在本方案规定的框架范围内进一步细化操作办法。国有企业投资的房屋建筑和城市基础设施等工程可以参照执行。涉及突破现有法律、法规、规章的，在法律、法规、规章修订后或有权机关授权后实施。

广州市工程建设项目审批制度改革
试点实施方案（社会投资类）

为贯彻落实党中央、国务院关于深化"放管服"改革和优化营商环境的部署要求，推动政府职能转向减审批、强监管、优服务，提高社会投资工程建设项目审批的效率和质量。根据《国务院办公厅关于开展工程建设项目审批制度改革试点的通知》国办发〔2018〕33号的要求，制定本方案。

一、总体要求

（一）指导思想。

全面贯彻党的十九大精神，以习近平新时代中国特色社会主义思想为指导，深入贯彻习近平总书记对广东重要指示批示精神，深化"放管服"改革和优化营商环境的部署要求，坚持实事求是、服务企业的改革态度，深度融合已有的改革成果，以降低制度性成本为出发点，以行政审批和技术审查相分离为落脚点，以服务企业、需求优先为着力点，在我市社会投资项目打造"用地清单制、取地可实施""审批标准化、服务全过程""减事项减材料、打通最后一公里"的工程改革试点，努力构建科学、便捷、高效的工程建设项目审批和管理体系，把广州构建成为全国社会投资最便捷快速、投资可预期、政府管理透明、营商环境最好的地区。

（二）实施范围。

全市新建、改建、扩建的社会投资项目（国有企业事业单位使用自有资金且国有资产投资者实际拥有控制权的项目、特殊工程和交通、水利、能源等领域的重大工程除外），改革覆盖工程建设项目审批全过程（包括从立项到竣工验收和公共设施接入服务），覆盖行政许可等审批事项和技术审查、中介服务、市政公用服务以及备案等其他类型事项。

（三）改革目标。

坚持以问题导向，重点梳理企业集中反映的共性问题，有针对性地解决现有环节耗时长、不确定性因素较大等制约审批效率的问题，降低行政审批申报事项数量和难度，向企业释放自主经营空间，营造公平、透明、可预期的投资市场环境。建立"一个系统联合审批，一张图报建，一张图验收"的审批体系，2018年底前，建成工程建设项目审批制度框架和管理系统。

将社会投资项目进一步分为一般项目、中小型建设项目、不带方案出让用地的产业区块范围内工业项目及带方案出让用地的产业区块范围内工业项目4类。政府部门审批时间：一般项目控制在50个工作日以内，中小型建设项目控制在38个工作日以内，不带方案出让用地的产业区块范围内工业项目控制在28个工作日以内，带方案出让用地的产业区块范围内工业项目控制在22个工作日以内。政府组织或购买服务的技术审查时间：施工图设计文件审查控制在15个工作日以内，超限高层建筑工程抗震设防技术审查按需开展，时间控制在25个工作日以内。根据试点期间工作开展情况，并广泛征求各部门、企业、公众意见和建议，在2019年6月前进一步优化工程建设项目审批流程，压缩审批事项和时间。

二、改革措施

工程建设项目审批流程划分为立项用地规划许可、工程建设许可、施工许可、竣工验收等四个阶段。

（一）创新推进"用地清单制"，强化"取地后可实施"。

1.建立"土地资源和技术控制指标清单制"。土地在出让前，土地储备机构牵头统一开展评估评价工作，汇总技术控制指标和要求：

组织相关行业主管部门或片区管理机构开展用地红线范围内地质灾

害、地震安全、压覆矿产、气候可行性、水土保持、防洪、考古调查勘探等事项的专业评价或评估工作，在土地出让前取得统一的土地资源评估指标；对出让土地范围内的文物单位、历史建筑保护、古树名木、危化品安全、地下管线开展现状普查。

各行业主管部门、公共服务企业应当结合出让土地的普查情况，以及报建或验收环节必须遵循的管理标准，提出"清单式"管理要求，包括：用地规划条件、建筑节能、航空、人防工程、配套公共服务设施及市政设施、文物保护、历史建筑保护、古树名木保护、危化品安全、交通（含轨道交通保护及道路设计衔接）等技术设计要点；供水、供电、供气、通讯等行业主管部门或者公共服务企业，需同步提出公共设施连接设计、迁移要点。

国土规划部门在组织土地出让时，将土地资源和技术控制指标总清单一并交付土地受让单位。各行业主管部门和公共服务企业在项目后续报建或验收环节，不得擅自增加清单外的要求。（牵头单位：市国土规划委、土地储备机构，配合单位：住房城乡建设、水务、文物保护、林业园林等相关行业主管部门，供水、供电、燃气、通信等公共服务企业）

2.实行"豁免制"，企业取地后可实施。企业取得建设用地后，免予办理用地红线范围内供水、排水工程开工审批、移动改建占用公共排水设施的审批、道路挖掘审批、市政设施移动改建审批、临时占用绿地审批、砍伐迁移（古树名木除外）修剪树木审批等手续。涉及需迁移或迁改等工作的，由土地储备机构组织上述行业主管部门或公共服务企业在土地交收前实施完毕，即建设单位"取地后可实施"。（牵头单位：土地储备机构，配合单位：水务、林业园林、交通、住房城乡建设等相关行业主管部门）

3.固定资产投资项目节能审查、商品房屋建设项目备案、企业投资项目备案（核准）、建设项目环境影响评价由建设单位在开工前并行办理，不作为项目审批或核准条件。（牵头单位：市发展改革委、环保局）

（二）审批标准化，服务全过程。

按照"服务全周期—政府定标准—企业重实施—过程严监管"的原则，由建设单位自行开展技术审查评估相关工作，推进行政审批与技术审查彻底分离，强化企业在市场机制下的主体地位和责任，落实建设单位项目负责人质量终身责任制。

4.技术评审社会化，推行建筑师负责制。各行业主管部门应根据项目设计深度，明确规划、建筑节能、绿色建筑、消防、人防、水务、交通、环保、卫生等相关设计指标要求，政府部门不再直接介入技术审查工作，大幅压减审批时限。政府部门不再组织社会投资项目大中型建设项目初步设计审查、建筑节能设计审查结果备案，改由建设单位自行组织技术审查，强化建设单位质量主体责任。（牵头单位：市住房城乡建设委、国土规划委，配合单位：发展改革、财政、公安、人防、水务、交通、环保、卫生等相关行业主管部门）

推行建筑师负责制和BIM（建筑信息模型）技术应用相结合的建筑设计管理模式，推进建设工程精细化管理。（牵头单位：市住房城乡建设委、国土规划委）

对位于城市重要地段、重要景观地区的建筑项目，依据地区城市设计成果，由建设单位在规划专家库中选择专家或地区规划师按标准自行组织评审。需进行超限高层建筑工程抗震设防审批的特殊项目，由建设单位在方案设计阶段报建设行政管理部门组织技术审查。（牵头单位：市国土规划委、住房城乡建设委）

5.降低设计方案批复门槛。建设工程规划许可证核发时一并进行设计方案审查，设计方案审查征询环节由发证部门统一征询交通（含轨道交通保护及道路设计衔接）、人防等部门意见。其他部门意见按需征询，各部门对设计方案进行复核，限时答复。（牵头单位：市国土规划委，配合单

位：住房城乡建设、人防、交通等相关行业主管部门）

对于已核发规划条件的建设项目，建设单位在编制方案过程中，根据实际功能布局进行深化，确需对规划条件中的建筑密度进行调整的，在不增加计算容积率建筑面积，符合城市设计、交通场地设计、建筑间距退让、绿地率等技术条件的前提下，经国土规划部门论证审议明确可按调整思路推进的，直接办理设计方案审查并同步推进控制性详细规划修正方案。（牵头单位：市国土规划委）

建立模拟审批机制，设计方案审查和建设工程规划许可审查环节可以提前开展，符合要求的出具预批复文件，待资料齐全后更换正式批复文件。建设单位可凭预批复文件提前办理其他部门审批手续。（牵头单位：市国土规划委，配合单位：住房城乡建设、公安等相关行业主管部门）

6.推行"带方案出让用地"制度，分类办理规划审批。对于规划明确的产业区块范围内带方案出让用地的工业项目，取消设计方案审查环节，可直接申领建设工程规划许可证，审批时间压缩为2个工作日。

不带方案出让用地的产业区块范围内的工业项目，设计方案审批时间压缩为2个工作日。

一般项目的设计方案审查时间压缩为10个工作日（含征询意见时间），建设工程规划许可证的审批时间压缩为4个工作日。

可建用地面积小于10000平方米或单幢的中小型建设项目，免于单独批复设计方案，直接办理建设工程规划许可证。加建、改建、扩建项目可同步办理设计方案审查和建设工程规划许可证审查。（牵头单位：市国土规划委）

7.推进施工图联合审图。建立联合审图机制，实施建筑、消防、人防等联合技术审查，推行以政府购买服务方式开展施工图设计文件审查。住房和城乡建设、规划、消防、人防等行政管理部门按照其法定职责，制订施工图技术审查专业管理标准，并对施工图审查机构进行监督指导。将确认审查合格后的施工图设计文件、审查意见等上传全市统一的审批监管平台，取消施工图设计文件审查备案，住房城乡建设、规划、消防、人防等部门按法定职责进行事中事后监管。（牵头单位：市住房城乡建设委，配合单位：发展改革、财政、公安、人防、国土规划等相关行政管理部门）

建立中介服务网上交易平台，对中介服务行为实施全过程监管。（牵头单位：市编办，配合单位：市政务办，住房城乡建设、水务、交通、林业园林等相关行业主管部门）

（三）减事项减材料，打通最后一公里。

8.简化施工许可手续。尽量压减不涉及国家安全、社会稳定、工程质量安全的工程审批申报材料。取消施工合同备案、无拖欠工程款情形的承诺书，用设计单位出具的方案稳定承诺说明（须加盖注册建筑师专用章）或施工图技术审查意见先行办理施工许可手续，各项税费、保险、工资账户等资料以建设单位承诺函形式先行办理，实施事中事后监督检查。（牵头单位：市住房城乡建设委，配合单位：人力资源和社会保障、税务等相关行政管理部门）

9.实施分类管理、加快办理施工许可。按照房屋建筑项目的用地情况和建设规模，制定不同标准的施工许可核发条件。维修加固、修缮等没有新增用地的改建项目，办理施工许可证时无需办理用地手续，不增加建筑面积、建筑总高度、建筑层数、不涉及修改外立面、不降低建筑结构安全等级和不变更使用性质的改建项目，无需提供规划审批手续。（牵头单位：市住房城乡建设委）

10.简化IAB（新一代信息技术、人工智能、生物医药）和NEM（新能源、新材料）产业项目、重点产业园区、特色小镇等开发区域施工许可手续。在区域用地和规划稳定、环境影响评价已完成，满足质量安全监督必要条件的前提下，即可办理施工许可。（牵头单位：市住房城乡建设委，

配合单位：国土规划、环保等相关行业主管部门）

11.合并办理质量安全监督登记与施工许可。全面推进信息化管理，将质量安全监督登记手续整合纳入施工许可办理事项中，一次申报，同步审核。（牵头单位：市住房城乡建设委）

12.实行联合测绘。将竣工验收事项涉及的规划条件核实验收测量、人防测量、不动产测绘等合并为一个综合性联合测绘事项，由建设行政管理部门会同国土规划、人防等部门和单位共同制定联合测绘实施方案，梳理上述测量的技术标准和测绘成果要求，明确操作流程并组织实施，委托具有国家相应测绘资质的测绘机构进行测绘，出具相应测量成果，成果共享，满足相关行政审批的要求。（牵头单位：市住房城乡建设委、国土规划委、民防办）

13.建立限时联合验收机制，促进已建成项目尽快投入使用。

强化建设单位主体责任，由建设单位依法组织工程质量竣工验收，以及环保、人防、卫生防疫、光纤到户通讯配套、水土保持设施等验收，由建设单位出具验收报告。

建设单位在统一平台上传工程项目验收报告，提出联合验收申请，提交一套验收图纸、一套申报材料。规划、消防、质量监督、建设、环保、人防、卫生等相关行业主管部门实行统一平台办理，信息共享，同步审核，限时办结。各相关行业主管部门可根据需要组织开展现场验收踏勘，在受理后10个工作日内在平台上统一出具验收意见。在工程质量竣工验收及各专项验收核实合格、备案全部通过后，由市、区政务服务中心向建设单位统一送达验收结果文件。（牵头单位：市住房城乡建设委，配合单位：市政务办，国土规划、环保、公安、人防、质量监督、水务、卫生等相关行业主管部门）

14.调整审批时序，优化市政公用服务报装。供水、供电、燃气、热力、排水、通信等市政公用基础设施迁改、连接设计要求在土地出让前明确，用地红线范围内免予审批，报装提前到施工许可证核发前办理，在工程施工阶段同步完成相关设施建设，竣工验收后直接办理接入事宜。（牵头单位：供水、供电、燃气、通信等公共服务企业，配合单位：国土规划、住房城乡建设、城市管理等相关行业主管部门）

工程施工过程中涉及占用、迁改市政基础设施、排水设施、道路、公路、绿地的审批，由建设单位按需提出申请，各行业主管部门并联审批，限时办结。健全管线管理综合统筹协调工作机制，强化各管线行业主管部门管理责任，协同推进项目管线敷设工作，积极探索新型管理模式。（牵头单位：住房城乡建设、交通、水务、林业园林等相关行业主管部门及供水、供电、燃气、通信等管线公共服务企业）

（四）建立联合审批平台，完善审批体系。

15.深化"一张蓝图"，统筹项目实施。依托"多规合一"管理平台，统筹各类规划，统一协调各部门提出的项目建设条件，落实建设条件要求，做到项目策划全类型覆盖，策划全过程督查考核。（牵头单位：市国土规划委）

16.提升"一个系统"，实施统一管理。在国家和地方现有信息平台基础上，提升市工程建设项目联合审批系统功能和应用，大力推进网上并联申报及审批，实现统一受理、并联审批、实时流转、跟踪督办、信息共享。将审批流程各阶段涉及的审批事项全部纳入审批管理系统，通过审批管理系统在线监控审批部门的审批行为，对审批环节进行全过程跟踪督办及审批节点控制。强化市、区工程建设项目联合审批系统与"多规合一"管理平台、各部门审批业务系统之间的互联互通，做到审批过程、审批结果实时传送。扩大市工程建设项目联合审批系统覆盖面，落实经费保障，基本建成覆盖各部门和市、区、镇（街道）各层级的工程建设项目审批管理系统，逐步向"横向到边、纵向到底"目标迈进。制定中介和市政公用服务清单，将中介和市政公用服务单位纳入平台管理，实行对中介服务行为的全过程监督，建立中介和市政公用服务管理制度，实行服务承诺制，明确服务标准、办事流程和办理时限，规范服务收费。（牵头单位：市政务办、编办、住房城乡建设委、国土规划委、财政局、工业和信息化委）

17.强化"一个窗口"，提升综合服务。进一步完善"前台受理、后台审核"机制，整合各部门和各市政公用单位分散设立的服务窗口，通过同一窗口"统一收件、出件"，实现"一个窗口"服务和管理。（牵头单位：市政务办、住房城乡建设委、国土规划委）

18.细化"一张表单"，整合申报材料。建立各审批阶段"一份办事指南、一张申请表单、一套申报材料、完成多项审批"的运作模式，各审批阶段牵头部门制定统一的办事指南和申报表格，每个审批阶段申请人只需提交一套申报材料。不同审批阶段的审批部门应当共享申报材料。（牵头单位：市政务办、工业和信息化委、住房城乡建设委、国土规划委）

19.完善"一套机制"，规范审批运行。进一步建立健全工程建设项目审批配套制度，明确部门职责，明晰工作规程，规范审批行为，确保审批各阶段、各环节无缝衔接。建立审批协调机制，协调解决部门意见分歧。建立情况通报制度，定期通报各部门审批办理情况，对全过程进行跟踪记录。（牵头单位：市政务办、住房城乡建设委、国土规划委、发展改革委）

三、保障措施

（一）加强组织领导，形成工作合力。

市委、市政府成立市工程建设项目审批制度改革领导小组（以下简称领导小组），由市委主要领导任组长，市政府主要领导任常务副组长，市政府常务副市长、市委秘书长和分管城建工作的副市长任副组长。领导小组下设办公室，办公室设在市住房城乡建设委，办公室主任由市政府协助分管城建工作的副秘书长担任，副主任由市住房城乡建设委和市国土规划委主要领导担任。市委政研室（市委改革办），市发展改革委、工业和信息化委、公安局、财政局、国土规划委、环保局、住房城乡建设委、交委、水务局、林业和园林局、文化广电新闻出版局、卫生计生委、审计局、法制办、政务办等部门主要领导为成员。由领导小组办公室负责建立定期通报、工作例会、监督考核等机制，协调推进改革工作，统筹组织实施，以企业和公众感受为标准，建立工程建设项目审批制度改革试点考评制度，出台考评办法，明确考核部门、考核内容、考核时间等，并在年度考核中予以体现，定期及时向住房和城乡建设部报送工作进展情况。各区政府建立以主要负责同志为组长的改革领导小组，将工程建设项目审批制度改革列入各区的重点工作。市府办公厅会同领导小组办公室加强对改革试点工作的督查督办。(牵头单位：市住房城乡建设委，市政府办公厅，各区政府)

(二)完善政策配套，鼓励改革创新。

市有关部门、各区政府要按照改革方案的总体要求和改革措施，出台相应的配套政策和文件，明确审批审查事项的办理流程、办结时限、前置条件，更新相应的办事指南。鼓励改革创新，充分借助我市作为改革试点城市的契机，对需要突破相关法律、法规、规章及政策规定的，及时梳理并按程序报有权机关授权，在立法权限范围内"先行先试"，依法依规推进改革工作。(牵头单位：住房城乡建设、国土规划、发展改革、财政、法制等相关行政管理部门，各区政府)

(三)审批程序标准化，监管事务公示化。

通过建立全市统一的工程建设项目审批监管系统，整合提升多规合一平台"一张蓝图"功能，推行运用电子证照，明确审批事项、明晰工作规程，规范审批行为，公开审批结果。对各审批阶段均实行"一份办事指南，一张申请表单，一套申报材料"，完成多项审批，实现统一受理、并联审批、实时流转、跟踪督办、信息共享。强化职权法定意识、责任意识、程序意识，提高依法审批能力，实时跟踪审批办理情况，对全过程进

行跟踪掌握。（牵头单位：市政务办，配合单位：国土规划、住房城乡建设等相关行业主管部门）

（四）逐步建立与审批制度改革相适应的监管体系。

全面推进"双随机、一公开"监管，调整完善现有监管机制，建立健全覆盖建设单位、工程勘测、设计、施工、监理、施工图审查机构等各类企业和注册执业人员的诚信体系，加大过程监管力度，严肃查处违法违规行为。（牵头单位：发展改革、建设、水务、交通、林业园林等相关行业主管部门）

（五）建立"容错"工作机制。

建立健全工程建设项目审批改革容错纠错机制，妥善把握事业为上、实事求是、担当务实、容纠并举等原则，纪检监察机关按照党中央"三个区分开来"的原则和容错机制处理，切实帮助各级机关放下思想包袱，轻装上阵，鼓励各职能部门、各区政府积极探索改革，先行先试。（牵头单位：市纪委监委、市委组织部、市审计局）

（六）做好宣传引导

各有关部门、各区政府要通过多种形式及时宣传报道试点工作的改革措施和取得的成效，加强舆论引导，做好公众咨询、广泛征集企业、公众意见和建议等。增进企业、公众对试点工作的了解和支持，及时回应关切，提升企业获得感，为顺利推进试点工作营造良好的舆论环境。（牵头单位：市住房城乡建设委、发展改革委、政务办、国土规划委，各区政府）

本试点方案自印发之日起施行，各区按照本方案制定具体实施工作方案，交通、水务、城管、林业园林等行业主管部门可针对不同类型项目在本方案规定的框架范围内进一步细化操作办法。涉及突破现有法律、法规、规章的，在法律、法规、规章修订后或有权机关授权后实施。

广州市人民政府

穗府函〔2019〕194号

广州市人民政府关于印发广州市进一步 深化工程建设项目审批制度 改革实施方案的通知

各区人民政府，市政府各部门、各直属机构：

《广州市进一步深化工程建设项目审批制度改革实施方案》已经市人民政府同意并报住房城乡建设部备核，现印发给你们，请认真贯彻执行。执行中遇到的问题，请径向市住房城乡建设局反映。

广州市人民政府

2019年8月26日

广州市进一步深化工程建设项目审批
制度改革实施方案

为贯彻落实党中央、国务院关于深化"放管服"改革和优化营商环境的部署要求，巩固改革成效，进一步深化改革，推动政府职能转向减审批、强监管、优服务，提高工程建设项目审批效率和质量。根据《国务院办公厅关于全面开展工程建设项目审批制度改革的实施意见》国办发〔2019〕11号、《广州市人民政府关于印发广州市工程建设项目审批制度改革试点实施方案的通知》穗府〔2018〕12号，制定本实施方案。

一、改革内容

进一步深化工程建设项目审批制度全流程、全覆盖改革。改革覆盖工程建设项目审批全过程（从立项到竣工验收和公共设施接入服务）；主要是房屋建筑和城市基础设施等工程，不包括特殊工程和交通、水利、能源等领域的重大工程；覆盖行政许可等审批事项和技术审查、中介服务、市政公用服务以及备案等其他类型事项。

二、主要目标

全面检验2018年工程建设项目审批制度改革试点工作成效，加强常态化督导，研究解决改革过程中出现的新问题，确保既定目标落地生根。2019年年底前，进一步优化工程建设项目审批流程，精简审批阶段、环节和事项，强化指导服务，提高审批效能，加大改革创新力度，总结经验做法，制定出台深化改革配套制度文件，形成可检验成果；重点将涉及水、电、气接入外线工程的行政审批总时间分别压缩至5个工作日内。2020年

10月底前，全面对接国家、省统一的工程建设项目审批和管理体系。

三、改革措施

（一）巩固改革成效。

1.着力强化技术服务监管。加强对政府部门组织、委托或政府购买服务开展的技术审查事项的监督管理，明确技术审查事项、依据、程序、时限，将技术审查过程信息纳入全市统一的工程建设项目联合审批系统进行监管。各行业主管部门进一步规范指导建设单位自行组织、委托第三方机构开展的中介服务行为，加强对中介服务机构的行业监管。（市发展改革委、住房城乡建设局、规划和自然资源局、生态环境局、交通运输局、水务局、林业园林局按职能分工负责，市政务服务数据管理局配合，2019年9月底前完成）

2.着力推进落实"四统一"要求。按照统一审批流程，统一信息数据平台，统一审批管理体系，统一监管方式的"四统一"要求，重点检查各项改革措施落地执行情况。

按照国家标准、相关法律法规及我市工作实际，对工程建设项目审批事项清单进行动态管理，将政府投资项目划分为立项用地规划许可、工程建设许可、施工许可、竣工验收等四个阶段，持续推进全流程网上办理。市相关行业主管部门设立的审批事项，原则上需与国家、省级事项一致，根据我市地方立法权限设置的特有审批事项，应报省级对应行业主管部门备案。（市发展改革委、住房城乡建设局、规划和自然资源局、交通运输局、水务局、林业园林局等相关行业主管部门按职能分工负责，市司法局配合，2019年9月底前完成）

建立常态化审批改革工作督导机制。按"四统一"要求，督导检查市、区审批事项标准化和联审平台数据上传情况，对执行不力的部门进行通报。统一市、区审批事项名称、办理条件和审批时限，原则上同一事项区级办事指南与市级办事指南一致。因优化改革、先行先试等确需调整的，由区级部门提出申请，报市级对应行业主管部门和政务服务管理部门审核后组织实施。（各区政府负责，市政务服务数据管理局、规划和自然资源局、住房城乡建设局等相关行业主管部门配合，2019年9月底前完成）

3.着力优化联合测绘流程。全面梳理研究建设工程规划条件核实测量、房产测绘和人防测量标准不一致问题，加快推进广州市地方技术标准——《建设工程联合测绘技术规程》前期立项工作，推进实现一次委托、联合测绘、成果共享。（市规划和自然资源局负责，市住房城乡建设局、市场监督管理局配合，2019年12月底前完成）

（二）创新深化改革。

1.优化工程建设项目行政审批手续。

（1）精简审批事项。在落实原事项精简措施的基础上，进一步精简审批事项，取消建筑施工噪声排污许可证核发、迁移损坏水利设施审批、白蚁防治工程验收备案、招标文件事前备案；优化审批程序，明确取水许可审批于开工前完成，涉及占用、迁改道路、公路、绿地等的工程项目，在工程设计稳定后即可申请办理相关审批手续。（市生态环境局、住房城乡建设局、交通运输局、水务局、林业园林局按职能分工负责，2019年9月底前完成）

（2）下放职权事项。在落实原市级部分职权事项下放各区的工作基础上，进一步将古典名园恢复、保护规划和工程设计审批，占用城市绿地审批（7000平方米以上），砍伐、迁移城市树木（20株以上），迁移修剪古树后续资源、修剪古树名木等审批职权事项按程序下放各区。（市林业园林局负责，2019年12月前完成）

（3）合并审批事项。公开出让用地的建设项目可合并办理用地规划许可证、用地批准书、土地出让合同变更协议（成立项目公司更名）等手续；其中，已缴齐首次出让合同土地出让金的，可合并办理用地规划许可证、用地批准书、土地出让合同变更协议（成立项目公司更名）、国有土地不动产权证。推行中小型工程建设项目工程建设许可和施工许可两阶段合并，两阶段中审批事项可并联办理。竣工联合验收和竣工验收备案可合并办理，竣工联合验收通过后同步出具竣工备案意见。（市住房城乡建设局、规划和自然资源局按职能分工负责，2019年10月底前完成）

（4）转变管理方式。探索取消政府投资类的房屋建筑工程、市政基础设施工程的施工图设计文件审查，强化建设单位主体责任，建设单位可根据项目实际情况，自行决定是否委托第三方开展施工图设计文件审查，建设单位出具承诺函、提交具备资质设计单位及注册设计人员签章的施工图，可以申请施工许可核准。政府投资类的大型房屋建筑工程和大中型市政基础设施工程，初步设计（含概算）由行业主管部门负责审查并批复；政府投资类的中小型房屋建筑工程和小型市政基础设施工程，由建设单位组织初步设计审查并出具技术审查意见，无须报行业主管部门批复；其中，造价2亿元以上的中小型房屋建筑工程和小型市政基础设施工程的初步设计概算由行业主管部门负责审查，造价低于2亿元的中小型房屋建筑工程和小型市政基础设施工程，初步设计概算由建设单位从行业主管部门建立的咨询单位库中摇珠选取概算审核咨询单位审查，审查结果报行业主管部门或行业主管部门委托的造价管理部门备案。强化建设单位技术和造价审查的主体责任，强化行业主管部门事中事后监管责任。工程投资估算不超过3000万元（含3000万元）的政府投资类项目，不涉及新增用地、规划调整的，经项目主管部门确定，可不采用联合评审、联审决策方式确定建设方案。（市住房城乡建设局、交通运输局、水务局、林业园林局按职能分工负责，2019年10月底前完成）

优化社会投资类的生产建设项目水土保持方案审批程序，水土保持方案技术审查改由企业自主把关或委托中介服务机构按规范设计论证，水务部门进行程序性审查，3个工作日内予以办结。进一步完善取水许可、公共排水设施设计方案审批事项的技术审查标准及要求，优化技术审查流程。（市水务局负责，2019年10月底前完成）

（5）调整审批范围。将可不办理施工许可证的房屋建筑工程和市政基础设施工程限额调整为工程投资额100万元以下（含100万元）或者建筑面积500平方米以下（含500平方米）。建立网格化管理体系，完善限额以下小型工程监督管理机制，实施开工建设信息录入管理制度。（市住房城乡建设局、交通运输局、水务局、林业园林局按照职能分工负责，市规划和自然资源局、城市管理综合执法局，各区政府配合，2019年9月底前完成）

2.深化完善审批体系。

（1）提高"一张蓝图"统筹效能。

深化完善工程建设项目策划生成机制，提升"多规合一"平台功能，逐步增加专项规划和图层数量，推动"多规合一"平台在市、区、镇（街）各层级的应用。将城乡规划、土地利用规划、教育、医疗、环境保护、文物保护、林地与耕地保护、人防工程、综合交通、水资源、供电、供气、社区配套等规划整合，推动建立社区配套服务设施综合体，减少规划冲突，提升行政协同效能，加快项目前期策划生成。（市规划和自然资源局、发展改革委按职能分工负责，市住房城乡建设局、交通运输局、水务局、林业园林局等相关行业主管部门，各区政府配合，2019年10月底前完成）

（2）完善"一个系统"审批协同机制。

进一步完善市工程建设项目联合审批系统业务协同、并联审批、统计分析、监督管理等功能，将系统打造成横向连通各审批部门，纵向连通国家、省、市、区各层级工程建设项目审批系统的枢纽节点。在系统上实现审批部门意见征询、工程建设项目全流程审批信息回溯查询以及预警监督功能。在系统上实现对全市各相关审批部门案件办理时长的预警提醒，并将逾期案件按月向全市通报。市、区各相关审批部门要配合做好市联审平台的业务应用、系统对接、信息共享、数据保障等工作，确保上传市联审平台信息数据真实、准确、完整。加强与广东省政务服务网、政务服务事项目录管理系统的沟通对接，充分发挥我市先行先试优势，为全省工程建设项目审批制度改革工作提供可复制的经验。（市政务服务数据管理局负责，市发展改革委、住房城乡建设局、规划和自然资源局、交通运输局、水务局、林业园林局等相关行业主管部门配合，2019年10月底完成）

（3）提升"一个窗口"服务水平。

持续推进工程建设项目审批标准化、规范化管理，全面落实集成服务模式，除涉密工程等特殊案件外，市、区各相关审批部门必须通过统一政务服务窗口、系统受理案件。优化政务服务窗口与各审批部门之间的案件流转程序，提高审批效率，逐步实现工程建设项目审批事项全城通办。推行全流程免费代办服务，将市、区政务服务窗口打造成改革宣传阵地，为申请人提供工程建设项目审批咨询、指导、协调、代办服务，帮助企业了解审批要求，提高审批一次通过率。（市政务服务数据管理局、各区政府负责，市发展改革委、住房城乡建设局、规划和自然资源局、交通运输局、水务局、林业园林局等相关行业主管部门配合，2019年10月底前完成）

3.不断探索完善"用地清单制"。

探索将更多土地出让类型以及规划、公共配套设施、市政公用服务相关指标要求纳入清单制模式管理。进一步规范各项指标要求，提高部门提供指标的深度和质量，为用地企业提供更全面、更准确、更实用的土地资源和技术评估指标。（市规划和自然资源局负责，市住房城乡建设局、交通运输局、水务局、林业园林局等相关行业主管部门，各区政府配合，

2019年10月底前完成）

4.推进实现"一套图纸"贯穿全流程。

试行律立覆盖房屋建筑工程项目全流程图纸资料信息共享

互通系统。规划设计方案、施工图设计文件、规划条件核实的房屋建筑工程项目全流程图纸资料经建设单位确认后上传系统。工程建设过程中规划设计方案或施工图设计文件发生变更的，建设单位需补充上传图纸变更文件，发生重大变更的图纸文件需经专家审查同意后重新上传，形成"一套图纸"。图纸资料内部共享供规划监管、消防设计、施工质量安全监督、联合测绘、竣工联合验收、产权登记和城建档案归档等审批环节使用，减少建设单位重复提交图纸。（市住房城乡建设局、规划和自然资源局负责，2019年11月底前完成）

5.不断推动精简施工许可办理手续。

结合国家改革要求，修订完善我市重点项目绿色通道有关管理办法，明确纳入绿色通道管理的工程，在用地、规划、设计方案稳定后，可先行办理相关手续；深化施工许可告知承诺制,由建设单位出具承诺函和施工方案（加盖注册建造师签章），确保施工质量安全后，可办理施工许可手续。（市住房城乡建设局、交通运输局、水务局、林业园林局按职能分工负责，2019年9月底前完成）

6.进一步优化工程竣工联合验收手续。

将土地核验纳入竣工联合验收中办理，相关审批部门根据建设单位的需求，提前给予服务指导；对城建档案等部分材料实施告知承诺制；工程竣工联合验收通过后，方可申请办理不动产首次登记手续。（市住房城乡建设局、交通运输局、水务局、林业园林局按职能分工负责，市规划和自然资源局、气象局等部门配合，2019年10月底前完成）

7.提升企业获得用水、用电、用气便利度。

各相关行业主管部门加强对公共服务企业的监督管理，公共服务企业要精简水、电、气报装流程，实施分类管理。优化水、电、气等公共设施建设审批流程，推行"一窗式"审批服务，实行"信任审批、全程管控"，将水、电、气接入外线工程的行政审批总时间分别压缩至5个工作日内。（市工业和信息化局、水务局、城市管理综合执法局负责，市规划和自然资源局、交通运输局等行业主管部门，各区政府、市水投集团、广州供电局、市燃气集团配合，2019年10月底前完成）

四、保障措施

（一）加强组织领导。

市工程建设项目审批制度改革试点工作领导小组办公室（设在市住房城乡建设局）负责统筹协调推进改革工作，加强对改革工作的督查督办，定期向住房城乡建设部、省住房城乡建设厅报送工作进展情况，市各相关部门、各区政府按照本方案分工要求，按时落实各项具体改革任务，并于每月25日前，将改革进展情况报送市工程建设项目审批制度改革试点工作领导小组办公室。（市住房城乡建设局、各区政府负责）

（二）加强事中事后监管。

各相关审批部门要充分利用诚信体系，按照"双随机、一公开"要求，建立健全与审批改革相适用的事中事后监管办法，对企业违反告知承诺制或法律法规等有关规定的行为，及时按程序报送信用平台公示。深化信用信息在工程建设项目联合审批系统中的应用，对被纳入不诚信名单的企业，各相关审批部门可不允许其通过告知承诺、容缺受理等方式办理有关手续，依法从严审批，实现"一处失信，处处受限"。（市规划和自然资源局、住房城乡建设局、交通运输局、水务局、林业园林局等相关行业主管部门按职能分工负责，市发展改革委、政务服务数据管理局配合）

（三）加强宣传引导。

各有关部门、各区政府要通过多种形式宣传报道深化改革措施，加强舆论引导。加强对政府部门审批人员、窗口一线人员以及各主要企业的业务培训，做好公众咨询和政策解答。建立改革体验员制度，邀请企业代表以实际工程项目体验改革成效，及时征集企业意见和建议，提升企业获得感。（市发展改革委、住房城乡建设局、规划和自然资源局、交通运输局、水务局、林业园林局等相关行业主管部门，各区政府按职能分工负责）

本方案自印发之日起施行，各区参照本方案执行，市交通、水务、城管、林业园林等行业主管部门可针对专业工程项目特点，在本方案规定的框架范围内进一步细化操作办法。审批权限在国家或省层面的审批事项从其规定，涉及突破现有法律、法规、规章的，在法律、法规、规章修订后或有权机关授权后实施。

附录三

广州市住房和城乡建设局文件

穗建改〔2021〕7号

广州市工程建设项目审批制度改革试点工作领导小组办公室关于印发广州市进一步深化工程建设项目审批制度改革推进全流程在线审批工作实施方案的通知

各区人民政府、市空港委，市政府各有关部门、各市政公用服务企业，各有关单位：

为持续优化我市营商环境，深化工程建设项目审批制度改革，《广州市进一步深化工程建设项目审批制度改革推进全流程在线审批工作实施方案》已经市人民政府同意，现印发给你们，请认真组织实施。

实施过程中遇到的问题，请径向广州市工程建设项目审批制度改革试点工作领导小组办公室（设在市住房城乡建设局）反映。

广州市工程建设项目审批制度改革试点工作

领导小组办公室（代章）

2021年9月16日

广州市进一步深化工程建设项目审批制度改革推进全流程在线审批工作实施方案

为贯彻落实党中央、国务院关于优化营商环境和工程建设项目审批制度改革的决策部署，巩固并深化我市工程审批制度改革，根据《住房和城乡建设部关于进一步深化工程建设项目审批制度改革推进全流程在线审批的通知》建办〔2020〕97号、《广州市人民政府关于印发广州市用绣花功夫建设更具国际竞争力营商环境若干措施的通知》穗府〔2021〕6号要求，制定本实施方案。

一、持续破解堵点问题推动关键环节改革

（一）结合国家、省、市改革实际，全面梳理当前工程建设项目全流程审批事项、环节、条件，更新工程建设项目审批事项清单，依托广东省政务服务事项管理系统，统一市、区工程建设项目报建审批事项办理流程规则和办事指南，推动工程建设项目审批标准化、规范化。（市发展改革委、住房城乡建设局、规划和自然资源局、生态环境局、交通运输局、水务局、林业园林局按职能分工负责，市政务服务数据管理局配合）

（二）健全工程建设项目联审机制。新供应国有土地、带方案出让用地产业区块的工业房屋建筑项目，推行用地规划许可证、工程规划许可证、施工许可证并联审批。在部分行政区试点推行房屋建筑工程规划许可证、消防设计审查、人防报建和施工许可证并联审批，实现全流程网上办理，企业一次申报，各部门内部流转同步审批，减少申报条件互为前置的问题。（市规划和自然资源局、住房城乡建设局按职能分工负责）

（三）推进房屋建筑工程施工融合监管。竣工"一站式"联合验收，由监督机构对建设过程中的质量安全、消防、人防实施融合监管，避免多头管理，消除联合验收技术障碍。工程竣工后实行"一站式"网上办理联合验收，由住房城乡建设部门会同规划自然资源等相关部门限时完成联合验收，统一出具联合验收意见书，结果文书在线获取，不再单独出具规划、消防、人防等专项验收文书。（市住房城乡建设局牵头，市规划和自然资源局、水务局、气象局、市城建档案馆、市通信建设管理办公室等部门配合）

（四）提升免费代办服务水平。在全市各区设立代办服务室（站）、代办服务专窗。充分利用代办服务室、代办专窗、穗好办APP等线上线下平台，采取线上交流、5G视频联动、现场指导服务等多种方式，为企业提供在线政策查询、办事进度查询、审批疑难问题解答等免费代办服务。（市政务服务数据管理局牵头，各相关职能部门配合）

（五）打通竣工联合验收环节和不动产登记环节信息共享。不动产登记部门可通过信息共享获取的信息、材料，不得要求企业重复提供。社会投资简易低风险项目的竣工联合验收、不动产首次登记通过广州市工程建设项目联合审批平台一站式申请，实行全流程网上审批，建设单位线上获取审批结果，探索推行验登合一模式。（市规划和自然资源局、住房城乡建设局牵头，市政务服务数据管理局配合）

二、深化区域评估和用地清单

（一）深化落实区域评估机制。在各类开发区、工业园区、新区和其他有条件的区域，对环境影响、节能评价、水土保持、文物考古调查、地质灾害、地震安全性、气候可行性论证、雷电灾害风险评估等8个事项开展区域评估，明确评估指引和编列计划。通过市"多规合一"平台、区政府、主管部门或片区管理机构网站、园区现场通告等形式实现评估结论的全面共享应用。（各区政府、市规划和自然资源局牵头，市发展改革委、

生态环境局、水务局、文化广电旅游局、地震局、气象局配合)

已开展上述8个区域评估的,区域范围内具体工程项目不再重复评估,相关审批、评估部门应出台告知承诺制审批或免予办理的具体操作细则。(市发展改革委、生态环境局、水务局、文化广电旅游局、地震局、气象局按职能分工负责)

(二)依托"多规合一管理平台",深化完善用地清单制。土地储备机构在经营性土地出让前,组织相关部门开展压覆矿产资源、地质灾害评估、水土保持等6个评估工作以及文物、危化品危险源、管线保护、周边道路管廊建设等8个方面的现状普查,相关部门在17个工作日内将评估、普查意见以及后续报建环节需遵循的管理标准反馈至土地储备机构,形成涵盖地块规划条件、宗地评估评价、技术设计要点、控制指标、绿化要求、宗地周边供水、供电、供气、通讯连接点和接驳要求等"清单式"信息,在土地出让时免费公开,相关部门在项目后续报建或验收环节不得擅自增加清单外的要求。用地红线范围内"豁免"供水排水工程开工、市政设施移动改建、道路挖掘、临时占用绿地、砍伐迁移(古树名木除外)修剪树木等4项审批手续,提高企业投资可预见性,减少项目开工前的时间成本。(市规划和自然资源局牵头,市住房城乡建设局、交通运输局、水务局、林业园林局、水电气等市政公用服务企业配合)

(三)对全市范围内新出让的工业地块,市、区土地收储部门应在土地出让前完成初步岩土工程勘察工作,勘察报告纳入用地清单,在土地出让时一并提供给土地受让人。对带方案出让的工业产业区块内存在的简易低风险项目,对应位置的岩土工程勘察应达到详细勘察深度要求。已出让工业地块简易低风险项目未开展岩土勘察,或初步勘察深度不满足设计需求的,由住房城乡建设部门通过政府购买服务完成详细勘察,勘察成果免费向建设单位提供。(市规划和自然资源局、市住房城乡建设局按职责分工负责)

三、完善规范技术审查、中介服务和市政公用服务

（一）工程建设项目审批所涉及的技术审查和中介服务事项，无法律法规规定的一律取消。其中对政府部门牵头组织开展的技术审查，应明确办理流程、标准、办理时限，不得以技术审查名义变相开展行政审批。对社会化、市场化的技术审查和中介服务事项，要加强行业监管，规范市场行为。（市发展改革委、规划和自然资源局、住房城乡建设局、交通运输局、水务局、林业园林局等部门按职能分工负责）

（二）加快提升企业水电气报装接入服务。推进全市新建企业用户用电（20千伏及以下电压等级）、用水（管道口径≤DN50且长度≤200米）、燃气（中低压）开展水电气协调报装服务，建立联合工作机制，整合电水气报装申请表和材料，推行协同报装、联合勘探、共享外线工程设计方案，进一步提升水电气接入效率，其中社会投资简易低风险项目的供水、排水接入全流程手续办理时限不超过5个工作日（不含外线工程施工用时）。（市工业和信息化局、水务局、城市管理综合执法局、电水气等市政公用服务企业按职能分工负责）

（三）电水气等市政公用服务单位可通过多规合一平台、广州市工程建设项目联合审批平台，获取项目地块、建设主体、接入需求、设计方案、图档等相关非涉密信息，提前布局项目周边区域管网建设，进一步提高企业用户报装接入效率。（市工业和信息化局、水务局、城市管理综合执法局牵头，市规划和自然资源局、政务服务数据管理局、电水气等市政公用服务企业配合）

四、全面推行工程建设项目分级分类管理

（一）根据工程建设项目投资类别、规模大小等特点，具体修订完善房屋建筑、线性工程、公路工程、供排水工程、园林绿化工程、社会投资一般项目、中小型项目、社会投资简易低风险项目等审批流程，规范审批

流程和办事指南，实现精细化、差别化的分类管理。（市住房城乡建设局、交通运输局、水务局、林业园林局按职能分工负责）

（二）建立房屋建筑工程风险、诚信双矩阵质量安全监管机制。根据工程项目类型、结构安全、重要使用功能质量缺陷可能性、施工安全危险性等，确定重大风险、较大风险、一般风险及较低风险四级标示。施工中基于风险等级合理确定监督重点、监督频次，实施差异化、精准化的现场质量安全监管。施工后基于风险等级实行"一站式"联合验收，合理确定参验部门及验收条件，精简优化验收工作流程。（市住房城乡建设局负责）

（三）建立工程质量潜在缺陷保险制度。市规划和自然资源局定期共享居住用地出让数据，并在土地出让合同中明确工程潜在质量缺陷保险相关条款。保险公司通过聘请第三方风险管控机构，在设计阶段审查设计图纸，在施工过程中实施风险管控，在工程交付后对质量缺陷实施保险赔付，保障工程质量。在社会投资简易低风险项目中推行工程质量安全保险制度，允许企业通过购买保险的方式进行工程质量安全监管。市住房城乡建设局负责建立广州市建筑工程质量保险信息管理平台功能模块，对保险公司的保险行为以及第三方风控单位的风险管控行为进行信息化监管。（市住房城乡建设局牵头，市规划和自然资源局配合）

（四）复制推广社会投资简易低风险项目改革经验，将低风险项目范围扩大至建筑面积1万平方米内工业项目，全面推行一站式网上办理。并联办理项目投资备案、工程规划许可证、施工许可证，通过政府内部信息共享完成供排水、供电、门牌申报等手续，免于办理施工临时排水许可、环境影响评价、地名核准等手续。由政府部门委托符合资质要求的单位、市政公用服务企业免费提供施工图设计文件审查、综合测绘服务，水电报装接入服务，推进市政基础设施配套费改革政策，进一步降低企业支出成本。（市住房城乡建设局牵头，市规划和自然资源局、水务局、生态环境

局、财政局、公安局、民政局、供排水、供电等市政公用服务企业配合）

五、加快推进工程建设项目全流程在线审批

（一）完善"横向到边、纵向到底、全流程全覆盖"的市工程建设项目联合审批平台功能。全面覆盖各行政区、广州空港经济区和市各相关部门、电水气等市政公用服务企业的各类工程报建审批事项，实现所有事项可通过平台开展并联审批，对工程建设项目实现全过程、全生命周期跟踪监管。（市政务服务数据管理局牵头，市发展改革委、规划和自然资源局、住房城乡建设局、交通运输局、水务局、林业园林局、生态环境局，广州空港经济区管委会，各区政府，电水气等市政公用服务企业配合）

（二）加快推动工程建设项目审批全流程在线办理。提升部门系统和市工程建设项目联合审批平台的数据对接质量，规范行政审批过程中听证、公示、专家评审等特殊环节。强化"一个窗口"，提升综合服务，设置工程建设综合窗口和市政公用服务综合窗口，形成"一个窗口进、一个窗口出"的闭环管理模式。（市政务服务数据管理局牵头，市发展改革委、规划和自然资源局、住房城乡建设局、交通运输局、水务局、林业园林局、生态环境局，广州空港经济区管委会，各区政府，水电气等市政公用服务企业配合）

（三）建立覆盖从设计方案、施工图设计文件一直到竣工联合验收的房屋建筑项目全流程图纸资料信息共享互通系统。各阶段图纸文件由建设单位自行确认或审图机构审查同意后上传系统，工程建设过程中补充上传图纸变更文件，形成全生命周期的"一套图纸"（含·CAD矢量文件及相关文档）。图纸资料应加强信息共享，在消防设计、施工质量安全监督、联合测绘、竣工联合验收、产权登记和城建档案归档等环节减少企业重复提交图纸。（市住房城乡建设局、规划和自然资源局负责）

（四）提升网上审批服务便利度。推进工程建设项目"一网通办"，完善工程建设项目行政审批、市政公用服务相关电子证照供需协调、合理使用等制度，各级审批部门应及时生成、上传电子证照，并在业务办理中应优先使用电子证照，及时向政务服务数据管理部门反馈电子证照应用问题，逐步提高电子证照和前序审批成果材料复用率。市工程建设项目审批平台统一通过广东省统一身份认证平台进行单点登陆，减少重复登录、频繁切换申报界面等问题，切实提高企业网上办事便利度和流畅度。（市政务服务数据管理局牵头，各区政府、市空港委，市发展改革委、规划和自然资源局、住房城乡建设局、交通运输局、水务局、林业园林局、生态环境局，水电气等市政公用服务企业配合）

（五）落实推广《建设工程联合测绘技术规程》。在统一建筑面积定义的基础上，对各专项面积进行明确界定和细化，进一步明确不同审批阶段中测绘面积的定义，运用统一测绘技术标准和规则，实现测绘成果共享互认，推进实现一次委托、联合测绘、成果共享，减轻企业负担。将社会投资简易低风险工程项目的规划放线测量、规划设计方案技术审查、规划条件核实测量、不动产测绘整合为一个全流程综合测绘事项，通过政府购买服务委托一家具有测绘资质的测绘单位承担，并将测绘成果应用到相关审批阶段，满足工程规划许可、竣工联合验收、不动产登记业务办理需要。（市规划和自然资源局牵头，市住房城乡建设局、市财政局配合）

六、健全推进改革工作长效机制

（一）进一步完善改革协同推进机制。各区工程建设项目审批制度改革工作领导小组办公室要切实担负起牵头推进改革的工作职责，健全长效管理机制，坚持统筹谋划，加强部门协同，深入推进各项改革任务落实，及时研判当前工程建设项目审批存在的突出问题，完善配套制度和工作机制，重大改革问题及时报告市工程审批制度改革试点工作领导小组办公室。

（二）健全改革工作评估机制。结合国家、省营商环境评价评估机制，定期对本地区改革政策措施落实情况、工作成效进行评估，查找问题和不足，加强评价结果运用，持续推动工程建设项目审批制度改革，实现以评促改、以评促管、以评促优。

（三）建立良好的政企沟通机制。加强国家工程审批系统"工程建设项目审批建议和投诉"小程序推广应用，通过政务服务"好差评"系统、12345政府服务热线、政府门户网站、局长信箱、调研座谈、企业沟通群等多种渠道倾听和收集企业和群众意见建议，建立常态化联系机制，及时回应企业和群众诉求。